ウェブ戦略としての「ユーザーエクスペリエンス」
5つの段階で考えるユーザー中心デザイン

Jesse James Garrett [著]　ソシオメディア株式会社 [訳]

毎日コミュニケーションズ

WD Web Designing BOOKS

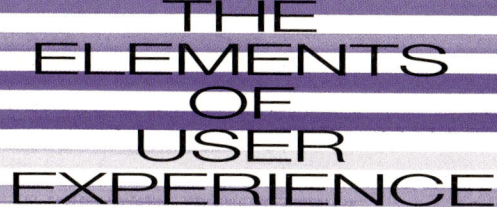

THE
ELEMENTS
OF
USER
EXPERIENCE

The Elements of User Experience:
User-Centered Design for the Web

Copyright © 2003 by Jesse James Garrett

Authorized translation from the English language edition, entitled ELEMENTS OF USER EXPERIENCE,THE : USER-CENTERED DESIGN FOR THE WEB, 1st Edition, ISBN:0735712026 by GARRETT, JESSE JAMES, published by Pearson Education, Inc, publishing as New Riders, Copyright © 2003

All rights reserved. No part of this book may be reproduced or transmitted in any form or by any means, electronic or mechanical, including photocopying, recording or any information storage retrieval system, without permission from Pearson Education, Inc.

JAPANESE language edition published by MAINICHI COMMUNICATIONS, Inc., Copyright © 2005

Japanese translation rights arranged with Pearson Education, Inc. through Japan UNI Agency., Tokyo.

・本書に記載された内容は、情報の提供のみを目的としております。日本語版の制作にあたっては、正確を期するようにつとめましたが、株式会社毎日コミュニケーションズおよび訳者が、本書の内容に関してなんらかの保証をするものではなく、内容に関するいかなる運用結果についても一切の責任を負いません。あらかじめご了承ください。
・本書中の解説や画像写真は基本的に原著刊行時(2002年10月)の情報に基づいています。ソフトウェアのバージョンやURLなどは変更されている可能性があります。
・本書中に登場する会社名および商品名は、該当する各社の商標または登録商標です。本書ではRマークおよびTMマークは省略させていただいております。

献辞

すべてを可能にしてくれた、妻のために

CONTENTS
目次

著者紹介 ……………………………………………… 8
テクニカルレビュアー紹介 …………………………… 8
謝辞 …………………………………………………… 10
日本語版への序文 …………………………………… 12

Introduction
まえがき ……………………………………………… 14

CHAPTER1
User Experience and Why It Matters
ユーザーエクスペリエンスが重要なわけ ………… 20

 日常の不幸 …………………………………………… 22
 ユーザーエクスペリエンスの導入 ………………… 23
 ユーザーエクスペリエンスとウェブ ……………… 25
 競争での優位性とROI ……………………………… 27
 ユーザーのことを気にかける ……………………… 33

CHAPTER 2
Meet the Elements
段階という考え方 ………………………………… 34

 5つの段階 …………………………………………… 36
  表層段階 ………………………………………… 36
  骨格段階 ………………………………………… 36
  構造段階 ………………………………………… 37
  要件段階 ………………………………………… 37
  戦略段階 ………………………………………… 37

下から上へと築き上げていく	……………………	38
ウェブが持つ基本的な二重性	……………………	41
ユーザーエクスペリエンスの要素	……………	45
戦略段階	…………………………………	46
要件段階	…………………………………	46
構造段階	…………………………………	46
骨格段階	…………………………………	48
表層段階	…………………………………	48
要素を使う	………………………………………	49

CHAPTER 3
The Strategy Plane
戦略段階
Site Objectives and User Needs
サイトの目的とサイトニーズ …………………………………… 52

戦略を定義する	…………………………………	54
サイトの目的	……………………………………	55
ビジネスゴール	………………………………	55
ブランドアイデンティティ	…………………	56
成功測定基準	…………………………………	57
ユーザーニーズ	…………………………………	60
ユーザーセグメンテーション	………………	61
ユーザビリティとユーザー調査	……………	64
チームの役割とプロセス	………………………	70
書籍の紹介	………………………………………	73

CHAPTER 4
The Scope Plane
要求段階
Functional Specifications and Content Requirements
機能仕様とコンテンツ要求 ……………………………………… 74

要求を定義する	…………………………………	76
理由その1:自分が何を構築しているのかわかるように	…………	77
理由その2:自分が何を構築していないのかわかるように	………	78
機能性とコンテンツ	……………………………	80

要求を収集する ……………………………………………… 83
　　　機能仕様 ……………………………………………………… 86
　　　コンテンツ要求 ……………………………………………… 90
　　　優先順位をつける …………………………………………… 92
　　　書籍の紹介 …………………………………………………… 97

CHAPTER 5
The Structure Plane
構造段階
Interaction Design and Information Architecture
インタラクションデザインと情報アーキテクチャ …………………… 98

　　　構造を定義する ……………………………………………… 100
　　　インタラクションデザイン ………………………………… 101
　　　　　概念モデル ……………………………………………… 103
　　　　　エラーハンドリング …………………………………… 106
　　　情報アーキテクチャ ………………………………………… 108
　　　　　アーキテクチャ的アプローチ ………………………… 111
　　　　　組織化原則 ……………………………………………… 115
　　　　　言語とメタデータ ……………………………………… 117
　　　チームの役割とプロセス …………………………………… 120
　　　書籍の紹介 …………………………………………………… 125

CHAPTER 6
The Skeleton Plane
骨格段階
Interface Design, Navigation Design, and Information Design
インターフェースデザイン、ナビゲーションデザイン、そして情報デザイン ……… 126

　　　骨格を定義する ……………………………………………… 128
　　　慣例とメタファー …………………………………………… 130
　　　インターフェースデザイン ………………………………… 134
　　　ナビゲーションデザイン …………………………………… 139
　　　情報デザイン ………………………………………………… 145
　　　　　経路探索 ………………………………………………… 148
　　　ワイヤーフレーム …………………………………………… 149
　　　書籍の紹介 …………………………………………………… 153

CHAPTER 7
The Surface Plane
表層段階

Visual Design
ビジュアルデザイン ………………………………………………… **154**

- 表層を定義する ……………………………………… 156
- 視線の動きに従う ……………………………………… 158
- コントラストと均一性 ……………………………………… 160
- サイト内部の一貫性と外部との一貫性 …………………… 163
- カラーパレットとタイポグラフィー …………………………… 166
- デザインカンプとスタイルガイド ……………………………… 170
- 書籍の紹介 ……………………………………… 173

CHAPTER 8
The Elements Applied
段階の適用 ………………………………………………………………… **174**

- ひとつの例:検索エンジンの導入 …………………………… 179
- 正しい質問をすること ……………………………………… 181
- マラソンと短距離走 ……………………………………… 183

SUPPLEMENT
ia/recon
IAの再考 ………………………………………………………………… **189**

- Part 1. 原則と役割(The Discipline and the Role) ………… 190
- Part 2. 内輪での慣習(Tribal Customs) …………………… 193
- Part 3. 白衣を身にまとって(Dressing Up in Lab Coats) …… 196
- Part 4. そこで奇跡の到来(Then a Miracle Occurs) ………… 199
- Part 5. 未来のアーキテクト(Tomorrow's Architect) ………… 201
- Part 6. 秘訣とメッセージ(Secrets and Messages) ………… 204

- 索引 ……………………………………………………………… 208
- 訳者あとがきにかえて 著者Jesse James Garrett氏へのインタビュー ………… 212

著者紹介

　Jesse James Garrett は、サンフランシスコを本拠地としたユーザーエクスペリエンスコンサルタント会社、「Adaptive Path」の創始者の1人である。1995年よりJesseが携わったウェブプロジェクトには、AT&T、インテル、ボーイング、モトローラ、ヒューレット・パッカードやナショナル・パブリック・ラジオなどがある。彼のユーザーエクスペリエンス分野への貢献のひとつに、情報アーキテクチャを記述するための視覚言語による表記法があり、このオープンな表記法は現在世界中の組織で使用されている。個人サイトであるwww.jjg.netは、情報アーキテクチャのリソースとして人気が高い。Jesseは情報アーキテクチャやユーザーエクスペリエンスの問題について、頻繁に講師も務めている。

jjg.netについて

　『The Elements of User Experience』（本書原題）は、2000年3月に初めて発表された。当時はJesse James Garrettの個人サイトであるjjg.netで、1ページのダイアグラムとして紹介された。その公開以来、このダイアグラムは、世界中のウェブデザイナーや開発者によって何万回とダウンロードされている。また、Jesseのサイトにはもうひとつ特徴がある。情報アーキテクトとインタラクションデザイナーたちにとっての情報源がまとめられているという点だ。このために、彼のサイトは最も人気ある資料のひとつとなっている。『The Elements of User Experience』のための特別サイトには、本書で取り上げた事項の背景要素や、追加のリソースなどへのリンクがある。

http://www.jjg.net/elements/

テクニカルレビュアー紹介

　以下に紹介するレビュアーは、『The Elements of User Experience』（本書原題）のあらゆるプロセスにわたり、豊かな経験で貢献していただいた。執筆中、この熱心なプロフェッショナルは技術的なコンテンツや組織、流れなど、すべての資料を検討してくださった。彼らのフィードバックのおかげで『The

Elements of User Experience』は、「クオリティの高いテクニカル情報を」という読者のニーズに適合させることができたといえる。

David Hofferは、情報アーキテクチャとインターフェースデザインの分野で豊富な経験を持っている。現在はCTB/McGraw Hillのマーケティング・コミュニケーション部門でシニア・ユーザーインターフェースデザイナーを務めており、アーキテクチャ、インターフェース、ユーザビリティを監督している。McGraw Hillに参加する以前は、Hill and Knowlton Public Relations（アメリカ最大のPR会社のひとつで、第二の世界的広告コングロマリット、WPPグループの一部であった）でシニア・情報アーキテクトとして勤めていた。DavidはAmazon.comのAlexaインターネット部門でシニアデザイナーとして2年間を過ごし、ここで彼はAmazonのAlexaブラウザ製品でのクライアントインターフェースを開発した。Davidは幅広くハイテク企業のコンサルタントを行っており、その中にはNERDSやActiveBuddyのような中小新興企業もあれば、大規模で知名度の高いモトローラやDECといった企業も含まれる。Rochester Institute of Technologyのインダストリアルデザインで学士号を取得。「これまで嫌いな犬に出会ったことがない」という犬好き。

Molly Wright Steensonは1994年からインターネットを扱う仕事をしている。そのとき以来、60以上のサイト開発とアーキテクチャを指導している。いくつか名前を挙げると、Netscape、ロイター、Wrigley、ナイキ、Genentechなどがある。インターネットとデザイン関係の問題について頻繁に執筆しており、カンファレンスでは国際的にスピーチをしている。デザインと開発に対してユーザー・センタード・デザイン（UCD）を適用する手法に優れ、AIGA Experience Designのサイトエディターとして勤めている。MollyはサンフランシスコのRazorfishのプロジェクトマネージャーであり、Girlwonder.comの経営者であり、ドイツ語、フランス語、オランダ語に堪能である。

謝辞

カバーの名前は1人だが、この数にだまされないでほしい。この本は多くの人のおかげでできたのだ。

まず、Adaptive Path のパートナー達である Lane Becker、Janice Fraser、Mike Kuniavsky、Peter Merholz、Jeffrey Veen、Indi Young に感謝する。このプロジェクトを引き受けることができたのも、彼らの寛大さのおかげである。

そして New Riders のみなさん——とくに Michael Nolan、Karen Whitehouse、Victoria Elzey、Deborah Hittel-Shoaf、John Rahm、Jake McFarland。彼らの手引きがこのプロセスには不可欠だった。

Kim Scott と Aren Howell は本書のデザインの細部まで目配り・気配りをしてくれた。著者からの提案に対する彼らの忍耐強さは、賞賛に値する。

Molly Wright Steenson と David Hoffer は、私の原稿のレビューで、非常に貴重な洞察をしてくれた。

Jess McMullin はさまざまな意味で、私のもっとも厳しい批評家であることが判明した。彼の影響のおかげで、この本を計り知れないほど向上させることができた。

また、いかにこのようなプロジェクトに取り組むか、正気を保つかについて私にアドバイスをくれた、より経験ある著者らにも感謝しなければならない。Jeffery Veen（改めて）、Mike Kuniavsky（改めて）、Steve Krug、June Cohen、Nathan Shedroff、Louis Rosenfeld、Peter Morville、そしてとくに Steve Champeon に感謝する。

他にも、価値ある提案をしてくれたり、精神的にサポートしてくれた Lisa Chan、George Olsen、Christina Wodtke、Jessamyn West、Samantha Bailey、Eric Scheid、Michael Angeles、Javier Velasco、Antonio Volpon、Vuk Cosic、Thierry Goulet、Dennis Woudt。彼らは僕が思いつかないようなことを考えついた、最高の同僚達だ。

　執筆中にお世話になった音楽は、Man or Astro-man?、Pell Mell、Mermen、DirtyThree、Trans Am、Tortoise、Turing Machine、Don Caballero、Mogwai、Ui、Shadowy Men on a Shadowy Planet、Do Make Say Think、そしてとくに、Godspeed You Black Emperor だ。

　最後に、この3人がいなければ、この本はできなかっただろう。テキサスで「会わなければいけない人がいる」と主張した Dinah Sanders。妻である Rebecca Blood——彼女はさまざまな意味で僕を強く、賢くしてくれる。そして Daniel Grassam——彼の友情、励まし、サポートがなければ、僕はこのビジネスへと進む道を見つけられなかったことだろう。ありがとう。

日本語版への序文

「日本人は未来に住んでいる」――アメリカの僕たちは、好んでこんな表現をする。

日本の製品――なにより、日本の製品のデザイン――は、世界に対してかなり強力な影響力を持っている。テクノロジーを生活の一部とする新しいアイデア、新しいアプローチが、絶えず日本から輩出されていて、場合によっては、そうしたアイデアがアメリカまで届くのには何年もかかることがある。

たとえ製品が日本製でなくても、デザインに日本の影響が反映されていることもよくあるものだ。

アメリカで、日本のデザイナーがあまり著名ではないのは、僕たちが制作物を見て日本のデザイナーのアイデアを理解し、自分たちの作品に取り入れるからだ。しかし、ウェブサイトのような製品では言葉の壁があまりにも厚い。そのため、他のプロダクトと比べると、互いに学ぶことが難しいのが現状だ。

僕が「Elements of User Experience」モデルを初めて発表したのは2000年のこと。幸運にも、英語圏以外の人々もこの考え方に対して関心を持ってくださった。発表後まもなく、ボランティアの人々によって、その考え方を表す概念図は、スペイン語、ポルトガル語、その他さまざまな言語に翻訳された。以来、僕が発表した大部分の記事は、ボランティアの方々の手によって翻訳が継続されている。

そのような中、日本語に訳されているものがほとんどなかったことは、いつも残念に思っていた。いつも「自分の考えを、より多くの日本の人々とシェアできれば」と願っていた。だから今、この本を日本の方々に紹介すること

ができ、本当にうれしく思っている。これまで僕が仕事で学んできたことを、あなたとシェアできることはとても光栄だ。僕のアイデアがあなたの役に立てれば、新たな日本のアイデアにつなげることができれば、と心から願っている。

Jesse James Garrett
2005 年 1 月

INTRODUCTION
まえがき

これはハウツー本ではない。どうやってウェブサイトを作るかを説明した本は山のようにあるが、これはそうした本とは違う。

この本は、技術についての本ではない。1行のコードも書かれてはいない。

この本には答えは書いていない。この本は、正しい問いを投げかけるための本である。

この本は、「他の本を読み進める前に、何を知っておく必要があるか」をあなたに伝えることを目的としている。全体像を知る必要があったり、ユーザーエクスペリエンス実践者が下す決断のためのコンテクストを理解する必要があったりするのなら、これはあなたのための本である。

この本はほんの数時間で読めるように作られている。ユーザーエクスペリエンスは初めてという人なら——ユーザーエクスペリエンスチームを雇用する責任者だったり、この分野に進むライターやデザイナーだったりするかもしれないが——この本で必要な基礎を身につけることができるだろう。すでにユーザーエクスペリエンス分野のメソッドや懸案事項に慣れ親しんでいる人ならば、この本は、あなたが一緒に作業する人々とより効率的なコミュニケーションをとる手助けとなるだろう。

本書の裏話

よく聞かれることなので、どのようにして『The Elements of User Experience』(本書原題)ができたか、ここに書いておく。

1999年末、僕は長い歴史を持つウェブデザインコンサルタント会社に、初の情報アーキテクトとして雇われた。いろいろな意味で、僕は自分のポジションを定義する責任があったし、僕がしたことや、それが他の人々のしたことにどうフィットするかについて、人々を教育する責任もあった。最初、彼らは用心深くて、ちょっと警戒もしていたようだった。しかし、じきに僕の存在は彼らの仕事を複雑にするのではなく、より簡単にするためであり、僕がいるからといって彼らの権限が弱まるわけではないということを理解してくれた。

同時に、僕は仕事に関係するオンラインマテリアルの個人的なコレクションをまとめていた(これが最終的には、www.jjg.net/ia/ における僕の情報アーキテクチャリソースページとなる)。このリサーチを行っているとき、分野の基本的な概念に対して異なる用語が気まぐれにランダムに使われていることにフラストレーションを感じ続けていた。あるところでは「情報デザイン」と呼ばれるものが、別のところでは「情報アーキテクチャ」と呼ばれているものと同じだったりする。また他のところでは、すべてをまとめて「インターフェースデザイン」にしてしまったりしていた。

1999年末から2000年1月にかけて、僕はこれらの問題に対して自分なりの一貫した定義づけをどうにか作り出し、問題同士の関係を表現する方法を見つけ出した。だが僕はお金を支払ってもらえる実際の仕事で忙しかったし、形成しようとしていたモデルも結局きちんとした答えは出ていなかった。それで1月末には、アイデアそのものをあきらめてしまっていた。

　その年の3月、僕はテキサスのオースティンに旅行に行った。そこで年に一度のSouth by Southwest Interactive Festivalがあったからだ。これは魅力的で刺激に富む一週間で、この間、僕はほとんど睡眠をとらなかった――カンファレンスでの昼夜の活動スケジュールは、2、3日後にはマラソンのように長時間続く状態になっていたのだ。

　その週の終わりに、オースティンの空港ターミナルを抜けてサンフランシスコへ戻る飛行機に向かおうとしていたとき、突然頭に浮かんだものがあった。僕のアイデアすべてを包括する、3次元のマトリクスだ。僕は飛行機に搭乗するまで辛抱強く待ち、席に着くやいなや、ノートを取り出してすべてを書き留めた。

　サンフランシスコに戻ると、ぐったりするような鼻かぜになり、僕は今にも寝込んでしまいそうな状態だった。熱のために朦朧としたり、正気に戻ったりを繰り返しながら約1週間をすごす。とくに頭がすっきりしていたときに、僕はノートのスケッチをダイアグラムとして仕上げた。このダイヤグラムはレターサイズの紙にぴったり収まるもので、僕はそれを「The Elements of User Experience（ユーザーエクスペリエンスの要素）」と呼んだ。

▶訳注:『Strunk & White』とは英文法書で、「The Elements of Grammer」と呼ばれる。

▶訳注:『Periodic table』とは化学元素記号表のことで、「Periodic Table of Elements」と呼ばれる。

　のちに、僕は「『The Elements of User Experience』は、多くの人に『Strunk & White』や『Periodic table』を喚起させる」とよく耳にした。残念だが、僕はそれとまったく関係なくこのタイトルを選んだのである――「component（構成要素）」という場違いで技術的な響きの言葉の代わりに、シソーラスの中から「elements（要素）」という言葉を選んだのだった。

　3月30日、僕は完成品をウェブに掲載した（これはまだそのまま残っている。オリジナルのダイアグラムはwww.jjg.net/ia/elements.pdfでご覧いただける）。このダイアグラムは注目を集め始めた。最初に注目してくれたのは、のちにAdaptive Pathでのパートナーとなる Peter Merholz と Jeffrey Veen だった。その後まもなく、第1回の情報アーキテクチャサミットで、より多くの人々とこれについて話す。ついには世界中の人々から、「ダイアグラムをこのように使って、一緒に働く人々を教育している」とか「ダイアグラムを使って、これらの問題を論議する上での共通用語を組織に与えている」ということを聞き始めるようになった。

　最初にリリースした年に、「The Elements of User Experience」は僕のサイトから2万回以上ダウンロードされた。それが大規模な組織や小規模なウェブ開発グループでいかに使われているか、いかに作業とコミュニケーションをより効率的にする手助けとなっているかを耳にするようになった。この頃までには、僕は本にまとめるためのアイデアを形成し始めていた。一枚の紙切れよりも、さらにそのニーズに応えることのできるアイデアだ。

18　　　まえがき

また3月がやってきて、僕は再びSouth by Sowthwestのためにオースティンにいた。そこでNew Riders PublishingのMichael Nolanと出会い、彼に自分のアイデアを伝えたのだ。Michaelはその考えに乗り気になってくれたし、幸い、彼の上司も乗り気になってくれた。

かくして、熱意と幸運によってこの本はあなたの手に渡ったのである。ここで示されているアイデアを使って行うことが、あなたにとって有意義で実りあるものになるよう願っている。この本にまとめたことが、僕にとってそうであるように。

Jesse James Garrett

2002年7月

ww.jjg.net/elements/

USER EXPERIENCE AND WHY IT MATTERS

CHAPTER 1
ユーザーエクスペリエンスが
重要なわけ

テクノロジーは、何世代にもわたって僕たちの日常生活の一部になりつつある。テクノロジーは、僕たちに力を与えることもあれば、いやな想いを与えることもある。生活を簡便化してくれることもあれば、複雑にしたりもする。人と人を引き裂いたり、逆に近づけたりもする。僕たちは毎日テクノロジーに触れているけれど、忘れがちなことがある。それは、テクノロジーを活用した製品を作っているのは人であって、テクノロジーがうまく機能していれば、誰かがどこかでその賞賛を受けるべきだということ。そして、逆の場合には、咎めを受けるべきということだ。

日常の不幸

誰だって、ときどきこんなことを経験することがある。

こんな一日は、あなたにも身に覚えがあるだろう。目が覚めると、窓から日の光が差し込んでいる。「なんでアラームが鳴らなかったんだ」と、不思議に思って目覚まし時計を見ると、こちらではまだ午前3時43分。ベッドからよろよろと這い出して他の時計を探す。そっちによると、まだ仕事にはどうにか定刻に行ける時間だ——10分以内に家を出れば、の話だけれど。

コーヒーメーカーのスイッチを入れて、慌てて身支度をする。カフェイン摂取で命をつなぎとめたくても、ポットにはコーヒーが入っていない。理由を考える暇はない——仕事に行かないと！

家から1ブロック出たところで、車のガソリンが残り少ないことに気づく。セルフサービスのガソリンスタンドに行き、ATMカードで支払える給油機を使おうとする。ところが、読み取り機がカードを受けつけない。そこでレジで支払おうと店内に向かうが、そこでは列に並ばなければならない。そしてレジでの客の対応はあまりにも遅い。ようやくガソリンを入れて発車した——と思ったら、車の屋根でカタカタと音がしている。ガソリンタンクの蓋の音だ。そして、蓋は道路のどこかへと転がっていってしまった。

交通事故があったせいで遠回りしなければならなくなり、職場まで予想よりも時間がかかった。できるだけの努力をしたが、結果は会社に遅刻する始末。そして、ようやく机にたどり着く。いらいらし、焦り、疲れきっているけれど、まだ一日は始まってもいない。それに、コーヒーすら飲めていないのだ。

ユーザーエクスペリエンスの導入

　これは不運が続いてしまった一日だ。でも、この不運をどうにか避けることはできなかったのだろうか。もう少しよく考えてみよう。

交通事故：路上で交通事故が発生したのは、運転手がラジオの音量を下げようとして、一瞬道路から目を離したせい。音量を調整するボタンがどれなのか、触れるだけではわからなかったので、ラジオに目を向けざるをえなかったのだ。

蓋：ガソリンタンクの蓋を失ったのは、ガソリンを入れるときに車の屋根に蓋を置き、焦っていたので置いたことを忘れたせい。もし蓋をどこかに置かなくてもすんだのなら——車のどこかにつないでおけたのなら——なくすこともなかったはずだ。

レジ：ガソリンスタンド店内でレジの前に長い行列ができていたのは、レジが複雑で紛らわしいせい。ちょっとでも気を抜くと打ち間違えてしまい、最初からやり直しになってしまうからだ。もしレジの操作がもっと簡単で、ボタンのレイアウトと配色が違っていれば、行列もできなかっただろう。

給油機：給油機がATMカードを受けつけていれば、列に並ぶ必要もなかった。カードを逆向きに入れればよかったのだが、給油機にはカードをどの向きで入れればよいかなんて、何も書いていない。それに、急いでいたし、「こっち向きがだめなら、あっち向きでカードを差し込んでみよう」なんて思いもしなかった。

コーヒーメーカー：コーヒーができなかったのは、オンのボタンをちゃんと下まで押しきらなかったせい。そのコーヒーメーカーには、スイッチがオンになったことを示すものが何もない。ライトも、音も、ボタンがちゃんと接

触したときの「カチッ」という音もない。スイッチを入れたと思っていたが、それが間違っていたのだ。毎朝コーヒーが自動でできるように設定しておけば、この問題も避けられたが、あなたはその機能を覚えなかった——第一、そんな機能があることを知っていたかどうかも怪しい。

目覚まし時計: それから、すべての出来事の発端である目覚まし時計。アラームが鳴らなかったのは、時刻が間違っていたせい。時刻が間違っていたのは、真夜中に猫が時計に乗って、設定をリセットしたためだ（「あり得ない」と笑わないでほしい。実際、僕の身に起こったのだから。猫のおせっかいにも動じない時計を探すのに、どれほど時間がかかったことか）。ボタンの配置が少し違っていれば、猫が設定をリセットすることもなかっただろうし、結果的にあなたは起きてからたっぷり時間があっただろう——急ぐ必要もなかったはずだ。

　要するに、これまでの「不運」は、避けることが可能だった。製品をデザインするときに誰かがもっと注意を払ってくれさえすればよかったのだ。こうした例は、すべて**ユーザーエクスペリエンス**（**利用者の体験**）に対する注意不足を示している。つまり、「実世界でその製品がどう機能するか」、「どんなふうに使われるか」に対する注意が不足しているのだ。製品開発の過程では、「製品が何をするか」についてはかなり注意が払われる。ユーザーエクスペリエンスは問題のもうひとつの面、「製品がどう機能するか」である。「製品がどう機能するか」は見過ごされがちだが、これが製品の成功と失敗との分かれ目になる場合が多い。

　ユーザーエクスペリエンスは、製品の「内部」がどう機能するかに関するものではない（かなり影響することもあるが）。ユーザーエクスペリエンスは、その「外側」の、人が製品と接触するところ、人が製品を扱うための部分がどう機能するかに関わる。たとえば、目覚まし時計やコーヒーメーカー、レジなどのような技術製品の場合、インタラクションの面では、たくさんのボタンを押すことが多い。ときには、単に物理的な仕組みの場合もある。車のガ

ソリンタンクの蓋などがそうだ。しかし、人が利用する製品なら何にでもユーザーエクスペリエンスは存在する。新聞にも、ケチャップの瓶にも、リクライニングチェアーにも、カーディガンにも。

　どんな種類の製品でも、重要なのはほんの些細なことだ。ボタンを押すときにカチッと鳴るかどうかなんて、たいしたことではないように思える。でも、それがコーヒーを飲めるか飲めないかの違いを生むのだから、かなり重要ではないだろうか？「ボタンのデザインがトラブルのもとなんだ」とあなたが気がつくことはないかもしれない。だとしても、コーヒーメーカーなのに、めったにちゃんとしたコーヒーができなかったら、どう感じるだろう？将来、あなたはそのメーカーから他の製品を買うだろうか？　多分買わないだろう。だから、ダメなボタンのせいで、顧客をひとり失ってしまうことになるのだ。

ユーザーエクスペリエンスとウェブ

　この本は、特定の製品、つまりウェブにおけるユーザーエクスペリエンスに関する本だ。ウェブでのユーザーエクスペリエンスは、他の製品のユーザーエクスペリエンスよりも重要になる。

　事実上、どんな場合でも、ウェブサイトは「セルフサービス」製品だ。あらかじめ読んでおく取扱説明書もないし、トレーニングセミナーもない。サイトでユーザーを案内してくれる顧客サービスもない。ユーザー自身が、勘と経験を頼りにサイトと直面するしかないのだ。

　自力でサイトを理解しなければいけない、という状態でユーザーが行き詰まっているのは好ましくない。大部分のサイトはこのことに気づいてすらいないので、さらに状況を悪化させている。ウェブサイトの成功には戦略的に提供されるユーザーエクスペリエンスがきわめて重要である。その重要性に

▶幅広い選択肢に直面したユーザーは、「サイトのどの機能が自分のニーズを満たしてくれるのか」を自分で工夫して見極めなければならない。

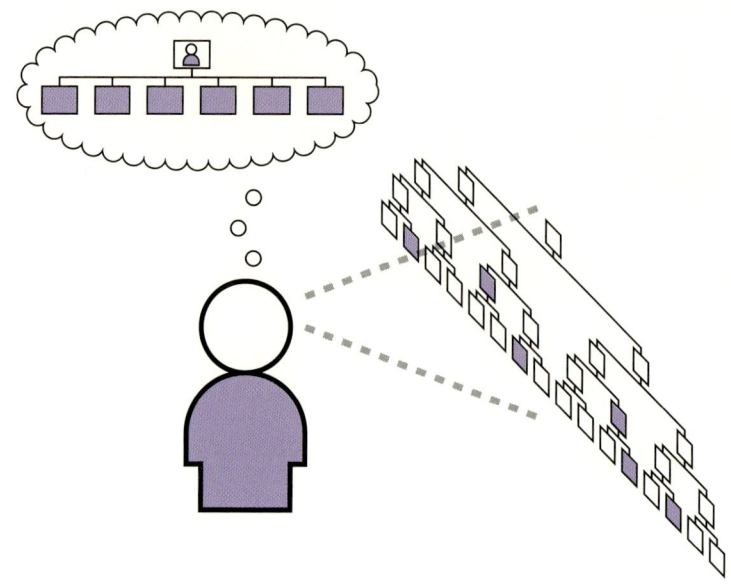

もかかわらず、「人々が何を欲しているのか」「人々が何を必要としているのか」について理解するという単純なことの優先順位が、長らくウェブの歴史では低かった。

どのような経緯でこうなったのだろうか。ウェブの黎明期、多くの人が「市場で一番乗りになることが成功のカギだ」と考えた。Yahoo!のように初期に構築されたサイトは先へと歩みを進め、後発の競合相手がなかなか打ち勝てなくなっている。時代に乗り遅れたと思われないように、既存企業は先を争ってウェブサイトを構築した。しかしたいていの場合、企業は「サイトを展開しさえすれば、偉業の達成だ」と考えていた。サイトが実際に人々のために機能するかどうかは、せいぜい後からの思いつきにすぎなかったのだ。

こうした「先行者」に対して、マーケットシェアを得るために競合他社は機能性を強調し、コンテンツと機能を次々と付加していった。そうして、ウェブに新しくやってきた人々を引きつけようとしたのだ（ついでに、競合他社の顧客もちょいといただこうとしたのかもしれない）。

しかし、機能の追加も、結局は一時的な競争での優位性にしかならなかった。一連の機能（feature-set）の追加により複雑さが増し、サイトはさらに不便で使いづらくなってしまった。まったく初めての訪問者を引きつけられるはずが、その逆になってしまったのだ。そして、依然、多くの組織が「ユーザーが実際に好むものは何か」「価値があると感じるものは何か」「本当に利用できるものなのか」といったことにほとんど注意を払っていなかった。

　現在では、「質の高いユーザーエクスペリエンスを備えることが必須であり、それが持続可能な競争での優位性となる」ということを企業は認識するようになった。企業が提供するものに対して、顧客がどんな印象を持つかは、ユーザーエクスペリエンス次第なのだ。ある企業とその競合他社との差を生むのはユーザーエクスペリエンスであり、顧客が戻ってくるかどうかの決め手もユーザーエクスペリエンスなのだ。

競争での優位性とROI

　あなたのサイトでは、会社の情報を提供しているだけで、何も販売していないかもしれない。これはその情報でモノポリーをしているようなものだ。人々は情報が欲しければ、あなたのサイトからその情報を手に入れなければならない。しかし、たとえオンライン書店に見られるような競争が存在していなくても、サイトのユーザーエクスペリエンスを無視することはできない。

　もし、あなたのサイトが主に僕たちウェブ系の人々が言うところの「コンテンツ」でできているのなら——つまり、情報でできているのなら、サイトの主な目的のひとつは、「できるだけ効率よく情報を伝達すること」になる。しかし、情報をただ表に出すだけでは不足している。人々が取り入れやすいように、理解しやすいように示すことが必要なのだ。そうしないと、求めているサービスや製品をあなたが提供していても、ユーザーにはわからない。それに、情報を見つけられたとしても、「サイトがこれだけ扱いにくいのだ

から、この会社自体もきっとそうに違いない」という結論になりがちだ。

　たとえサイトの大部分が、人々が特定のタスクを遂行できる（飛行機の搭乗券を購入する、あるいは口座を管理するなど）インタラクティブなツールで成り立っているとしても、効果的なコミュニケーションが製品の成功の重要な要素となる。世界一強力なツールがあったとしても、ユーザーがそれをどうやって使うかわからなければ意味がない。

　簡単に言うと、よくない体験をしたユーザーは、そのサイトに戻ってきてはくれない。あなたのサイトでまずまずの体験をしたとしても、競合他社のサイトでもっとよい体験をすれば、あなたのサイトではなく向こうのサイトへと戻っていってしまう。特徴と機能は常に重要ではあるが、ユーザーエクスペリエンスは、顧客ロイヤルティにとってそれよりもはるかに影響力を持っている。どんなに進んだテクノロジーやコーポレートメッセージも、ユーザーを再びサイトに連れてくることはできない。優れたユーザーエクスペリエンスなら、ユーザーをまた連れてきてくれるのだ——そして、ユーザーエクスペリエンスを正しく直そうにも、一度去ってしまったユーザーが戻ってくることはほとんどない。だから二度目のチャンスを得られる可能性は非常に少なくなってしまう。

　ユーザーエクスペリエンスに注目することで効果があるのは、顧客ロイヤルティだけではない。利益高を意識している企業は**投資収益率**（Return On Investment）、すなわちROIについて知りたがっている。ROIは通常、金銭的な意味での評価だ。使ったお金に対し、どれだけの価値を獲得したのか？それがROIだ。しかし、投資対効果は厳密に金銭的な言葉だけで表現しなくてもよい。必要なのは、支払った金銭が会社にとってどれだけの価値に変わったかを示す基準だ。

　よく使われる投資収益率の基準は、**コンバージョンレート**（conversion

rate：転換率）だ。顧客とあなたとの関係をもうワンステップ進めるよう働きかけるとき——そのステップが「サイトの設定をカスタマイズする」ような複雑なものでも、「メールやニュースレターの申し込み」のような単純なものでも——そこには測定可能なコンバージョンレートが存在する。ユーザーのうちどれだけの割合が次のステップへ「コンバート（転換）」したか追跡することで、サイトがどれだけ効率的にビジネスゴールを満たしているか測定できる。

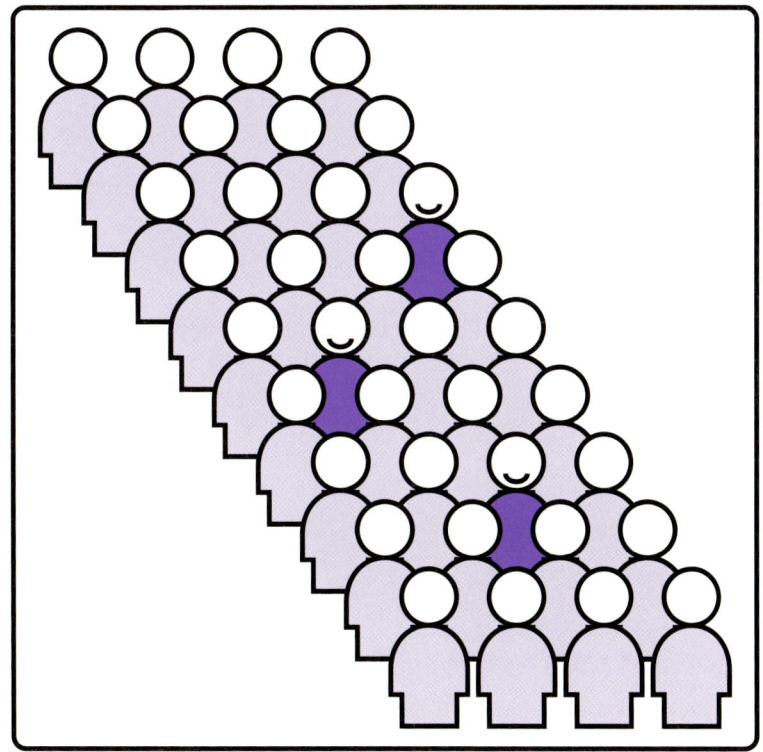

◀ユーザーエクスペリエンスの効率を測定する上で、コンバージョンレートはよく用いられる方法だ。

購読申し込み3人
3 subscription sign-ups
÷
訪問者36人
36 visitors
＝
コンバージョンレート8.33%
8.33% conversion rate

商用サイトの場合、コンバージョンレートはさらに重要になる。実際に購入するよりもはるかに多くの人々がサイトを閲覧する。ユーザーエクスペリエンスの質が、こうした冷やかし客をアクティブな購入者へと「コンバートする」上で、鍵となる要素なのだ。コンバージョンレートがほんのちょっと上昇しただけでも、利益は著しく増加する可能性がある。コンバージョンレートが0.01%増加しただけで、10%以上も利益が増加することも珍しくない。

　ユーザーがお金を出してくれるチャンスがあるなら、どんなサイトでもコンバージョンレートを割り出すことができる。売り物は、本でも、キャットフードでも、サイトのコンテンツ購読でも何でもよい。単なる売上高よりも、コンバージョンレートのほうが、ユーザーエクスペリエンス投資に対する利益をよく感じとることができる。売り上げは、うまくサイトの情報を公表しなければ苦しい結果になる。コンバージョンレートとは、お金を使おうと訪れた人々をどれだけうまく確保できたかを追跡する。

　商用サイトにおけるユーザーエクスペリエンスROIに関する指標には、「ショッピングカートの放棄（abandoned shopping carts）」がある。カートに商品を入れたということは、購入する意思があった証拠だ。しかし、購入までの手続きがあまりに難しかったり、ややこしかったり、時間がかかったりして、やる気をなくしてカートを放棄してしまうことが多々見られる。コンバージョンレートの場合と同様に、ユーザーエクスペリエンスを改善すれば、カートの放棄は減少させることができる。

　これらのようにROIを測定することが簡単でないサイトの場合でも、ユーザーエクスペリエンスがビジネスに及ぼす影響は決して小さくはない。利用者が顧客でも、仲間でも、雇用者でも、ウェブサイトは多くの間接的な影響を収益として与えるのだ。

ウェブサイトはテクノロジーの複雑な破片だ。そして、人々がその破片を使うのに苦労するとき、おかしなことが発生する。人は自分を責めるのだ。「何か間違ったことをしてしまった」、「ちゃんと気をつけていなかったからだ」、「自分はバカなんだ」と思う。もちろん、これは不合理なことだ。結局、思い通りにサイトが機能しなかったのは、使っている人のせいではないのだ。でも、いずれにしても使っている人は自分がバカだと感じる。もしサイトから人を追い出したいのなら、使うと自分がバカに思えるようなサイトにすればよい。人を追い出すには、これ以上効果的な方法はない。

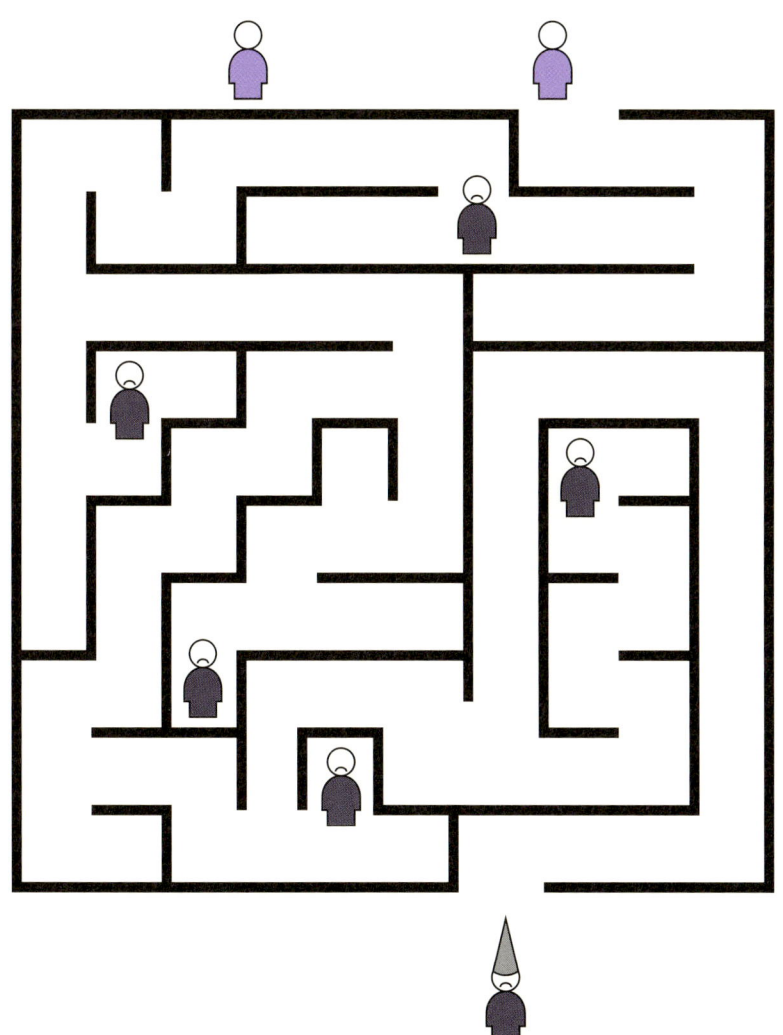

◀思い通りに機能しない技術製品を使うと、人々は自分を「まぬけだ」と感じる。たとえ、結局目的を達成できたとしても。

あなたのサイトを社外の人が見ることはないかもしれない（イントラネットの場合など）。それでもユーザーエクスペリエンスは大きな違いを生み出す。これは、あるプロジェクトが組織に対して価値を生み出すか、リソースをムダに消費する悪夢になるか、という違いとなる。

どんなユーザーエクスペリエンスも、目的は効率の改善だ。これは基本的に、2つの形式になる。人がより早く作業できるようにすること。また、より間違いが少なくなるようにすることだ。使用するツールをより効率的なものにすれば、総じてビジネスの生産性も向上する。あるタスクを終了させるまでにかかる時間が少ないほど、一日により多くの作業を終わらせることができるようになる。「時は金なり」ということわざを踏まえると、雇用者の時間を節約することは、あなたのビジネス資金を節約することに直接つながるのだ。

けれど、効率のよさが影響するのは、収益だけではない。ツールを自然に使うことができ、簡単に扱えるようになると、人々は自分の仕事がもっと好きになる。不満を募らせるようなツールや、むだに複雑なツールではこうはいかない。もしツールの使い手があなたなら、ツールが使いやすいか使いにくいかの違いは、一日の終わりに満足して家に帰るか、疲れ果てて家に帰るかの違いになる（疲れ果てて帰るのなら、それなりの理由があるべきだ。ツールの扱いに四苦八苦して疲れるのではいけない）。

ツールの使い手が雇用者なら、自然に簡単に使えるツールを提供すると、生産性が向上するだけでなく、仕事に対する満足感も向上する。そうすると雇用者は転職しようという気が起こりにくくなる。するとこれはあなたにとって新規雇用とトレーニングの費用を節約できることになるのだ。さらに、雇用者の熱意と経験も増すので、より質の高い仕事をしてくれるようになり、そこでもあなたは得をすることになる。

ユーザーのことを気にかける

　魅力的、かつ効率的なユーザーエクスペリエンスを作りあげていくこと、これを**ユーザー中心デザイン**（**User-centered design**）という。「ユーザー中心デザイン」のコンセプトは、とても単純。製品を開発する一歩一歩において、ユーザーを考慮する、ということだ。だが、この単純なコンセプトは、驚くほど複雑なことを示唆しているのである。

　ユーザーが経験することはすべて、あなたが注意深く決めた結果でなければならない。現実的には、あちこちで妥協を避けられないかもしれない。よりよいソリューションを作り上げようにも、時間やコストには限りがある。しかし、ユーザー中心デザインのプロセスは、妥協が偶然発生しないようにするのだ。ユーザーエクスペリエンスについて考え、それを構成要素にまで細分化し、複数の観点からこの構成要素を見る。これによって、自分がどの決断を下すとどんな結果になるのかを、確実に知ることができる。

　ユーザーエクスペリエンスは、あなたにとって重要だ。その最大の理由は、ユーザーにとってユーザーエクスペリエンスが重要だからだ。ポジティブなエクスペリエンスを提供しないサイトは、ユーザーに使われない。それに、ユーザーに使われないと、埃まみれのウェブサーバーが、決してくることのないリクエストを延々と待つ羽目になる。本当にユーザーに来てもらうためには、筋の通った、直感的な、楽しいエクスペリエンス——すべてが機能すべき方法で機能するエクスペリエンスを提供できるよう、用意しなければならない。たとえ、ユーザーのその後の一日がどう過ぎていこうとも。

MEET THE ELEMENTS

CHAPTER 2
段階という考え方

サイトで生じるユーザーエクスペリエンスが、すべてあなたの意識、明確な意図のもとに発生するようにすること。これがユーザーエクスペリエンス開発プロセスのすべてを物語る。これはつまり、ユーザーがとる可能性のある行動をすべて考慮に入れ、すべての過程でユーザーが何を期待するのかを理解するということだ。なんだか大仕事のように聞こえるかもしれない。ある意味ではその通りだ。けれど、ユーザーエクスペリエンスを形成するという仕事を、構成要素にまで細分化していくと、問題を全体的によりよく理解することができる。

5つの段階

たいていの人は、一度や二度はウェブサイトで本を買ったことがあるだろう。どんなサイトで買った場合も、このエクスペリエンスはとてもよく似ている。まずサイトへ行き、ほしい本を見つける（検索エンジンを使ったり、あるいはカタログをブラウズしたりして）。サイトにクレジットカード番号と住所を伝える。サイトは配送のための確認を行う。

この整然としたエクスペリエンスは、一連の決断作業を行った結果なのだ。小さな決断もあれば、大きな決断もある。「サイトの見た目をどうするか」、「どう振舞うか」、「何をできるようにするのか」などなど。これらの決断は、お互いの上に成り立っている。ユーザーエクスペリエンスのあらゆる側面を形成し、影響を与え合っている。このエクスペリエンスを一皮むくと、こういった決断がどのような過程を経てきたのか理解することができる。

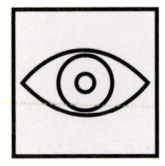

表層段階

表層（Surface）で目にするのは、画像やテキストで作られたウェブページだ。画像の中には、クリックするとショッピングカートへ進むなど、機能を持つものもある。また、本のカバー写真やサイトのロゴのような、単なる写真やイラストも存在している。

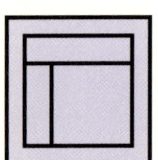

骨格段階

表層の下にはサイトの**骨格**（Skeleton）がある。この段階は、ボタンやタブ、写真、テキストのかたまりをどう配置するのかに関係している。ロゴが見た人の記憶に残るように、そして、必要なときにショッピングカートへと進めるよう、骨格の設計では、こうした要素をもっとも効果的、効率的に割り振りしていく。

構造段階

　骨格は、比較的抽象的であるサイトの**構造**（Structure）をより具体的に表現したものだ。前段階の骨格では、たとえば、支払い画面でインターフェース要素をどう配置するかを定義している。構造では、「ユーザーがどうやってその支払い画面のページまでやってきて、終了したらその後どこへ行くのか」を定義する。骨格では、ナビゲーション項目の配置を定義して、ユーザーが本のカテゴリーを閲覧できるようにする。それに対して、構造ではそのカテゴリー自体がどんなものかを定義する。

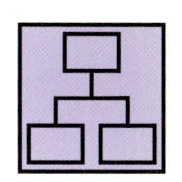

要件段階

　構造は、サイトでのさまざまな機能性や機能の組み合わせ方を定義する。これらの機能性や特徴は、サイトの**要件**（Scope）としてあげられる。たとえば、本を販売しているサイトの中には、ユーザーが以前使用した住所を保存していて、次回注文する際にもその住所を使うことができる機能を提供しているサイトもある。そうした機能性を含めるかどうか——あるいは、その他にどういった機能性を含めるべきか——を考えることが、要件における課題だ。

戦略段階

　要件は、基本的にサイトの**戦略**（Strategy）によって決められる。この戦略には、サイトを運営する側の立場同様、ユーザーの立場からも、サイトに何を求めるかを盛り込む。オンライン書店の例の場合、非常に明快な戦略上の目的がある。たとえば、ユーザーは本を購入したくて、運営側は本を販売したい、ということだ。これほど簡単には表現できない目的もあるかもしれない。

下から上へと築き上げていく

ユーザーエクスペリエンスの問題と、その解決のために用いるツールに対して語る際、これら5つの段階——戦略、要件、構造、骨格、表層——が、概念的なフレームワークを提供してくれる。

段階が上に行くにつれて、扱う問題はだんだん抽象性が低くなり、具体性が増していく。一番下の段階では、「最終的なサイトの形がどうなるか」に

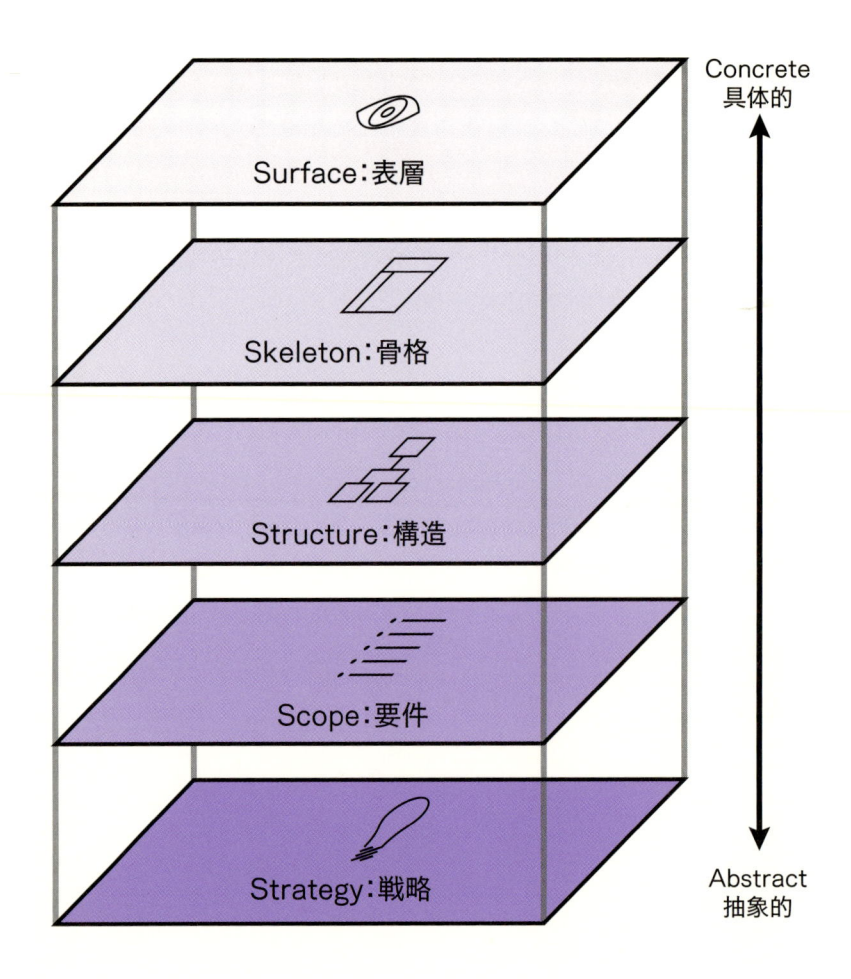

ついてはまったく考えない。ここで気にするべきなのは、「戦略に対して、サイトが（ユーザーのニーズを満たしながら）どうフィットするか」だけだ。一番上の段階では、サイトの見た目に関して、具体的な細部についてだけ考える。段階が上に進むごとに、下す決断はどんどん明確かつ具体的になり、詳細な部分に関わるようになる。

各段階は、その下の段階に依存している。だから、「表層」は「骨格」に依存しているし、その「骨格」は「構造」に依存している。さらにその「構造」は「要件」に、「要件」は「戦略」に依存している。何か選択をするときに、上下と不揃いなものを選んでしまうと大変だ。開発チームは、もともと合うはずがない部品を組み合わせようと努力して、プロジェクトは脱線し、締め切りには間に合わなくなり、コストは跳ね上がることになる。さらに悪いことに、ようやく公開にこぎつけたサイトはユーザーから猛烈に嫌われてしまう。ここでいう「依存性」は、戦略段階でなされた決断は、その上にある連鎖に対して「波及効果」のようなものを持つことを意味している。逆に言うと、下の段階における課題で下した決断によって、その上の各段階の選択肢が制限されるということだ。

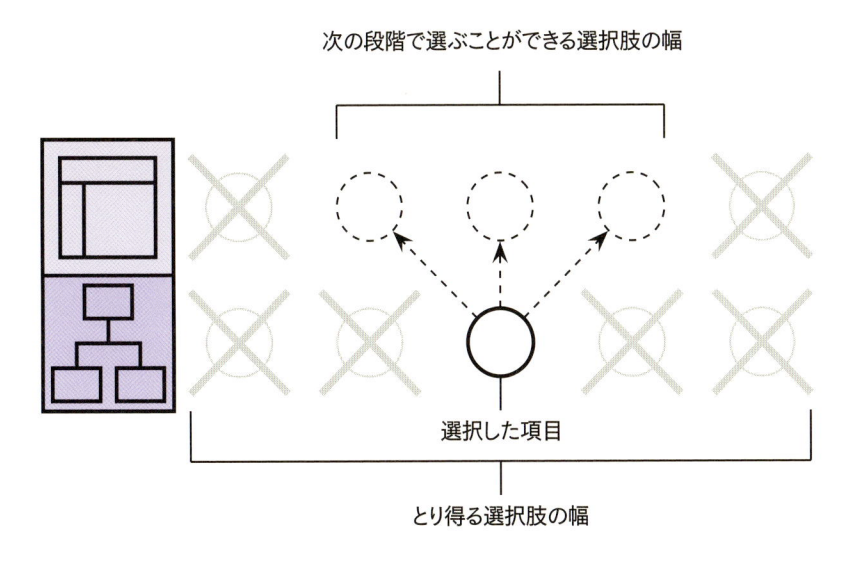

◀各段階で下す決断は、その上の段階でどんな選択肢を選択できるかに影響する。

次の段階で選ぶことができる選択肢の幅

選択した項目

とり得る選択肢の幅

段階という考え方　Chapter 2　**39**

▶この波及効果が意味するところは、上の段階で「範囲外」の項目を選ぶと、そこより下の段階での決断を考え直す必要がある、ということだ。

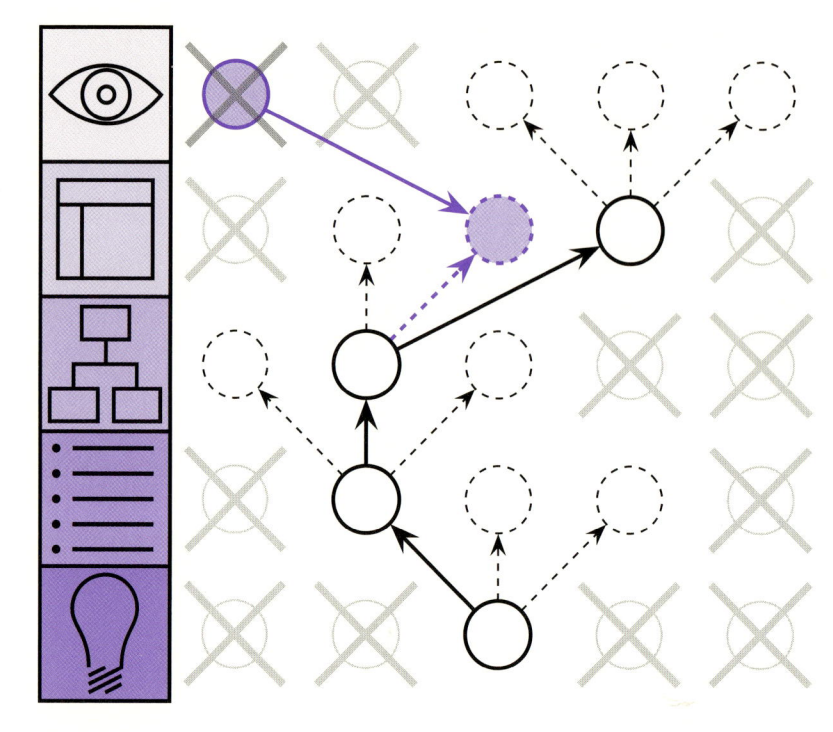

　しかし、これは「上の段階に取り組み始める前に、必ず下の段階での決断を下さなければならない」ということではない。依存性は両方向に及ぶものなのだ。上の段階で何を決めたかによって、そこより下の段階で決めたことを再評価（あるいは初評価かも）しなければならないこともある。各レベルで、「ライバルはどんなことをしているのか」、「業界のベストプラクティスはどんなものか」、「従来どおりの平凡な一般常識は何か」に照らして決断を下す。この決断が、上下両方の段階に対して波及効果を持つのだ。

　「上の段階で何かを決める前に、下の段階での決定を下したい」と考えているのなら、プロジェクトのスケジュールは危険にさらされることになる。どんなに控えめに見積もっても間違いない。そして、最終的な製品の成功も危うくなる。

「上の問題に取り組む前に、下をしっかり決定」ではなく、「ある段階の作業を**完了**させる前に、必ずその下の段階での作業が完了する」ように計画しよう。「家の土台部分が完成する前に屋根を完成させるな」というのがここでのポイントだ。

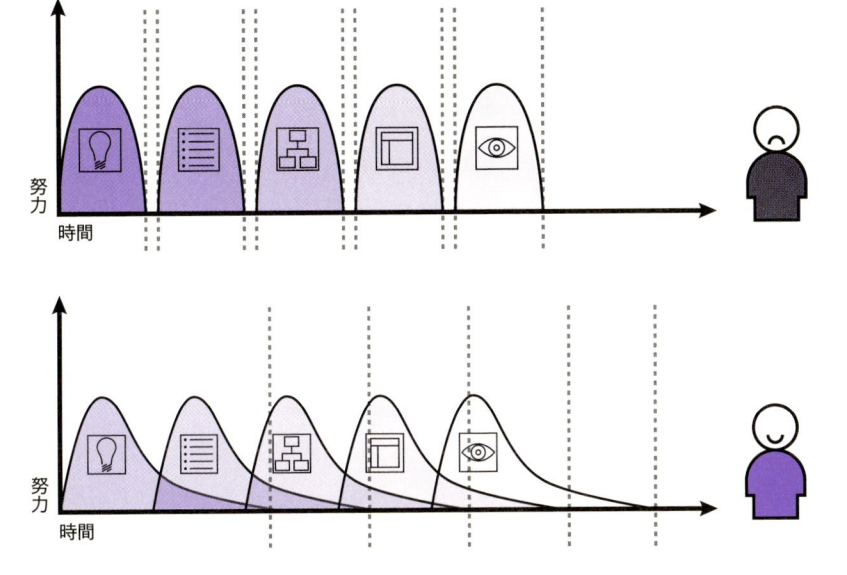

◀前段の段階での作業を**完了**しなければ、次の段階の作業を**始め**られないことにすると、あなたにとってもユーザーにとっても不満の残る結果となる。

◀重要なのは、各段階で作業を**完了**させるタイミングである。よりよいアプローチは、前の段階での作業を**完了**させてから、次の段階の作業を**完了**するようにすることだ。前の段階での作業を**完了**させてから、次の段階の作業を**始める**ことではない。

ウェブが持つ基本的な二重性

　もちろん、ユーザーエクスペリエンスの要素は先に述べた5要素だけではない。それに、どんな専門領域でもそうだが、この領域特有の用語がどんどん生み出されている。初めてこの領域にやってきた人にとっては、ユーザーエクスペリエンスはやたら難しそうに見えるだろう。「インタラクションデザイン、情報デザイン、情報アーキテクチャ」など、一見すると似た言葉が振り回されているのを見て、「これは何を意味しているのだろう？」「何か深い意味があるのか？それとも、業界での無意味な流行り言葉なのか？」と感じるかもしれない。

さらに厄介なのは、同じ言葉でも違った使い方をされていることだ。同じものを表すにも、ある人は「情報デザイン」と言い、別の人は「情報アーキテクチャ」と言ったりする。「インターフェースデザイン」と「インタラクションデザイン」の違いは何か？というか、違いはあるのだろうか？

　幸いにもユーザーエクスペリエンスの領域は、このバベルの塔のような言葉の混乱状態から抜け出しつつあり、徐々に一貫した言葉が使われるようになってきている。それでも、用語自体を理解するために、その用語の発生源を見ていくことが大切である。

　開始当初のウェブは、ハイパーテキストだけだった。人々はドキュメントを作成し、他のドキュメントとリンクさせることができた。ウェブの発明者はティム・バーナーズ・リーである。世界中に分散した、高エネルギー物理学コミュニティの研究者らが、お互いの発見を共有したり引用したりする方法として、彼はウェブを創造したのだった。彼はウェブにそれ以上の可能性を見出していたけれど、その可能性の素晴らしさを真に理解していた者は、他にはほとんどいなかった。

　もともと、ウェブは新しい出版媒体として理解されていた。しかし、テクロノロジーが進み、ウェブブラウザやウェブサーバーに新機能が追加されるにしたがって、ウェブには新しい可能性が加わった。そして、ウェブを受け入れるインターネットコミュニティが大規模になるにしたがって、ウェブはより複雑で強固な機能を発展させていった。そしてこの機能により、ウェブは情報を配信するだけでなく、収集したり処理したりできるようになった。このおかげで、ウェブはよりインタラクティブになり、既存のデスクトップアプリケーションに非常によく似た方法で、ユーザーの入力に反応できるようになったのだ。

ウェブを商用利用することへの関心が生まれたことで、幅広いユーザーに役立つアプリケーションのような機能が登場した。たとえば、eコマース、コミュニティフォーラム、オンラインバンキングなどがある。その一方で、ウェブは出版媒体としても発展を続けており、無数の新聞や雑誌サイトがウェブ限定の「e-zine（電子雑誌）」を増加させた。テクノロジーは両分野で発展し続けた。すべての種類のサイトは、静的な情報の集まりという形態から発展し、ときに動的な、常に進化しているデータベース駆動型のサイトへと移行した。

　ウェブ上にコミュニティが形成され始めたとき、メンバーが話していた言語は2種類の異なるものだった。片方のグループは「すべての問題は、アプリケーションデザインの問題である」と考えた。彼らが適用した問題解決のアプローチは、伝統的なデスクトップおよびメインフレームソフトウェア業界に基づくものだった（これらのアプローチは、車からランニングシューズまでも含まれるあらゆる製品の作成に適用される、一般的な方法に起因していた）。もう片方のグループは、ウェブを「情報配信・収集の手段である」という観点から考えていた。そのため、こちらが適用した問題解決のアプローチは、伝統的な出版業界・メディア業界・情報科学の業界に基づいていた。

　言語が異なるというのは、かなりの障害になった。基本的な専門用語についてすら、コミュニティの意見がまとまらないのだ。ましてや、進歩などまったく期待できなかった。その上、「アプリケーション」と「ハイパーテキストシステム」のどちらかに、きっちりと分類できるサイトはほとんどなかった。大多数のウェブサイトは2つの複合型で、両方の世界をあわせ持っていたのだ。そのせいで問題はさらに複雑化した。

| ソフトウェアインターフェース としてのウェブ | ハイパーテキストシステム としてのウェブ |

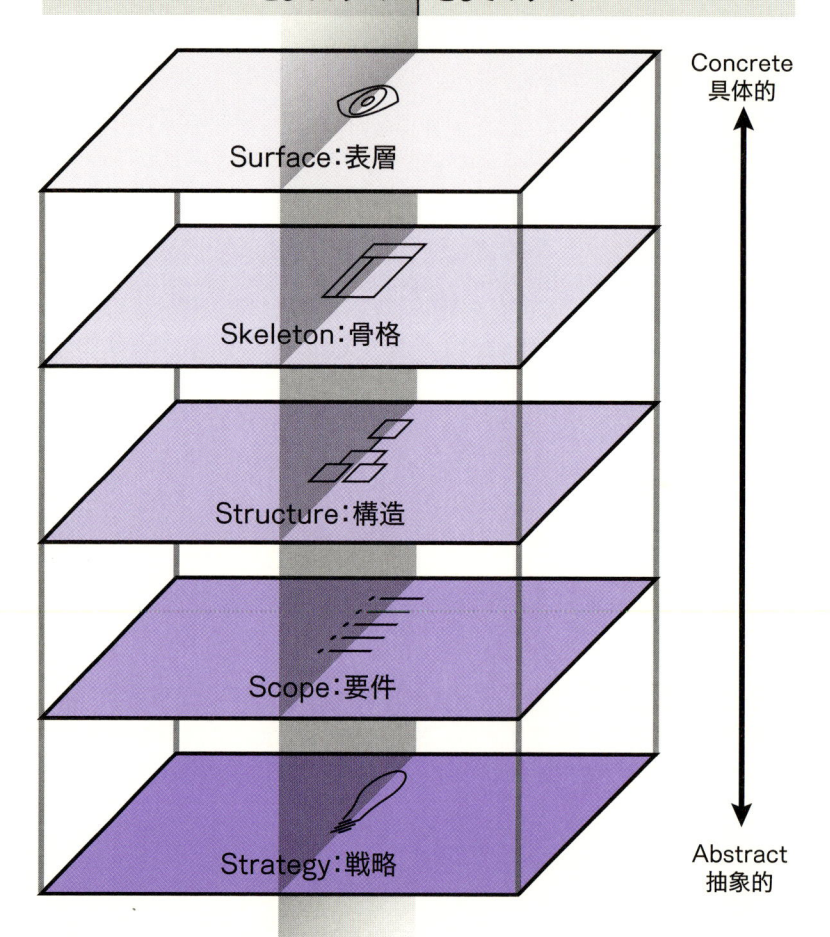

Concrete
具体的

Surface：表層

Skeleton：骨格

Structure：構造

Scope：要件

Strategy：戦略

Abstract
抽象的

ここまで述べたとおり、ウェブには基本的に二重の性質がある。これに取り組むために、5つの段階を真ん中から分割してみよう。左側は、**ソフトウェアインターフェース**としてのウェブに特有な要素を置いてみる。右側には、**ハイパーテキストシステム**としてのウェブに特有な要素を置くことにする。

　ソフトウェア側で主に問題になるのは**タスク**である。「プロセスに関わるステップ」と「タスクの遂行について人々がどう考えるか」が問題だ。ここでは、サイトは一組のツールであると考え、「ユーザーはひとつあるいは複数のタスクを遂行するために、そのツールを用いる」とする。

　ハイパーテキスト側では、主に情報が問題となる。「そのサイトがどんな情報を提供するのか」、「その情報がユーザーにとってどんな意味を持つのか」が問題だ。ユーザーが動き回ることのできる情報空間を作成することに関するものが、ハイパーテキストである。

ユーザーエクスペリエンスの要素

　では、数々のややこしい用語をモデルに対応づけていこう。ユーザーエクスペリエンスを作り出す要素にどんなものがあるのかを詳しく検証するには、各段階を構成要素にまで細分化するとよい。

戦略段階

　ソフトウェアにとっても、ハイパーテキストにとっても、同じ戦略的関心事が関わる。**ユーザーニーズ**は、自分たちの組織外から来た人々——とくに、自分たちのサイトを使うであろう人々にとっての目的だ。閲覧者が自分たちに何を求めているのか、また、それが他の目的とどう調和するのか、理解しなくてはいけない。

　ユーザーニーズのバランスをとることは、サイトに対する自分たち自身の目標だ。これらの**サイトの目的**はビジネス上のゴールでもありうるし（「今年度はウェブを通じての売り上げを百万ドルにする」）、その他のゴールでもありうる（「次期選挙の候補者を投票者に知らせる」）。3 章では、こうした要素についてさらに詳しく見ていく。

要件段階

　ソフトウェア側では、**機能仕様書**の作成を通じて、戦略は要件に姿を変える。機能仕様書とは、製品の「一連の機能 (feature-set)」を詳しく描写したものだ。ハイパーテキスト側では、これらは**コンテンツ要求**という形をとる。このコンテンツ要求とは、必要とされるさまざまなコンテンツを描写したものだ。4 章では**要件の要素**をカバーしていく。

構造段階

　ソフトウェア側では、**インタラクションデザイン**を通じて要件に構造を与えている。インタラクションデザインは、ユーザーに対する反応で、システムがどのように振舞うのかを定義する。ハイパーテキスト側では、構造は**情報アーキテクチャ**となる。情報アーキテクチャは、情報空間におけるコンテンツの割り振りである。詳しくは 5 章でわかるだろう。

| ソフトウェアインターフェース としてのウェブ | ハイパーテキストシステム としてのウェブ |

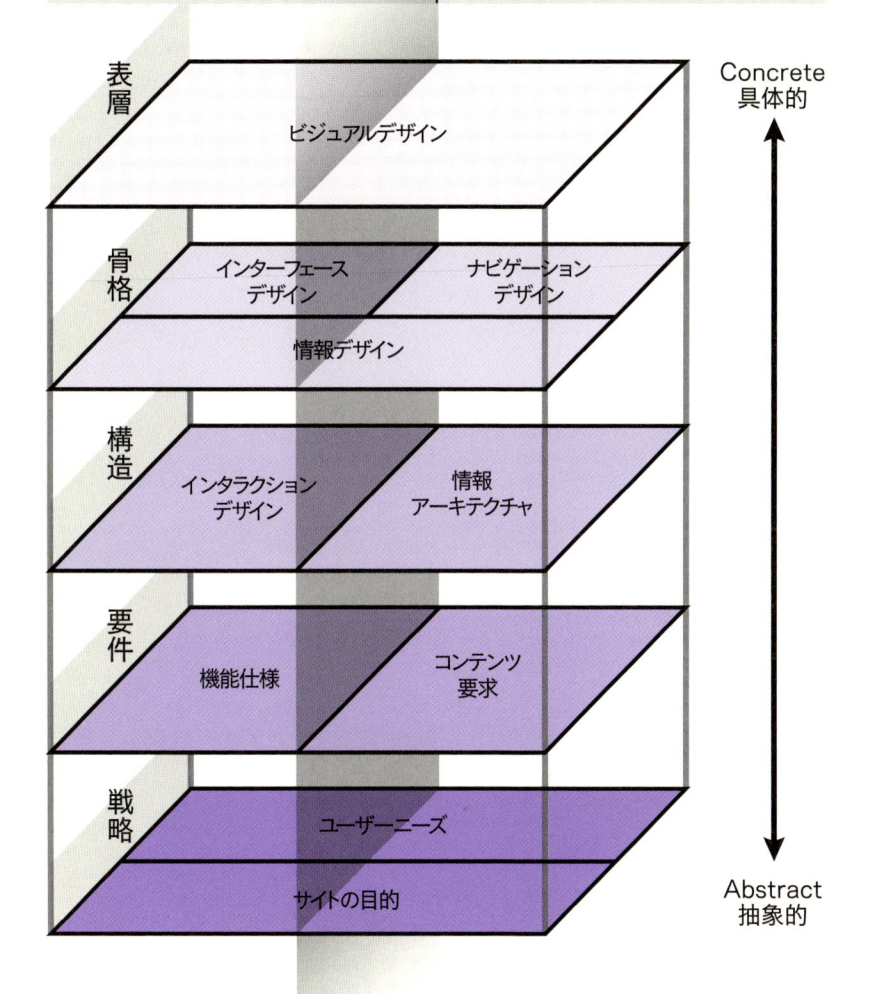

表層
ビジュアルデザイン

骨格
インターフェースデザイン | ナビゲーションデザイン
情報デザイン

構造
インタラクションデザイン | 情報アーキテクチャ

要件
機能仕様 | コンテンツ要求

戦略
ユーザーニーズ
サイトの目的

Concrete
具体的

↕

Abstract
抽象的

骨格段階

　骨格段階は、3つの要素に細分化できる。両側に**情報デザイン**が必要だ。情報デザインとは、ユーザーがスムーズに理解できるやり方で情報を提示することである。ソフトウェア側では、骨格には**インターフェースデザイン**も含まれる。インターフェースデザインとは、ユーザーがシステムの一連の機能とやりとりができるように、インターフェース要素を配置することである。ハイパーテキストにとってのインターフェースは**ナビゲーションデザイン**だ。ナビゲーションデザインとは、スクリーン要素一式のことで、情報アーキテクチャ内でユーザーが動き回るためのものである。骨格段階については6章で詳しく述べていく。

表層段階

　そして最後に、表層だ。ソフトウェア側だろうが、ハイパーテキスト側だろうが、ここで僕たちが考えなければならないことはひとつ。**ビジュアルデザイン**、つまり最終製品の見た目についてだ。これは簡単そうに聞こえるけれど、実は厄介な問題である。7章でそのすべてを明らかにしよう。

要素を使う

このモデルの片側だけに極端に偏っているサイトは、ほとんど存在しない。段階の目的を達成するためには、それぞれの段階内で、要素をしっかり組み合わせることが欠かせない。たとえば、情報デザイン、ナビゲーションデザイン、インターフェースデザインは、しっかりつながり合ってサイトの骨格を定義している。各段階上でひとつの要素に決めることの効果を計るのは非常に難しい。各段階のすべての要素に共通の機能があるからだ。——この例では、サイトの骨格を定義することだが——たとえその機能をどう実行するかは違っても、機能は共通なのだ。

矩形と段階できれいに分割されたこのモデルは、ユーザーエクスペリエンスの問題を考えるには便利な考え方だ。けれど、現実にはこれらの領域間の区切りは曖昧で、それほど明確に線引きすることはできない。「あるユーザーエクスペリエンスの問題を解決するためには、どの要素に注意すればよいか区別がつかない」ということも頻繁に起こる。ビジュアルデザインを変更すればうまくいくのか、それともその下のナビゲーションデザインに再び取り組む必要があるのか？一度にいくつもの領域に注意しなければならないような問題もあるし、領域の境界線にまたがるような問題もある。

組織において、ユーザーエクスペリエンスの問題の責任者を決める方法も、事態をよりいっそう複雑にしている。ある組織には「情報アーキテクト」やら「インターフェースデザイナー」という肩書きの人々がいるだろう。こうした肩書きに惑わされてはいけない。一般的にこういった人々は、ユーザーエクスペリエンスの多くの要素を横断する専門性を有している。肩書き通りの仕事だけが専門ではないのだ。だから、チームのメンバーには、各領域から専門家を一人ずつ集める必要は必ずしもない。そうではなく、各問題について、「この分野はこの人が責任を持って考えてくれる」という人物を確保しておけばよいだけなのだ。

ここでは詳細に触れないが、最終的なユーザーエクスペリエンスを形成するための要素がもういくつかある。その1つ目が**コンテンツ**だ。古い格言（ウェブ時代での「古い」だが）に「コンテンツは神様だ」というものがある。これは間違いなくその通りである。ウェブサイトがユーザーに提供できるいちばん重要なものは、ユーザーが「価値がある」と感じるコンテンツなのだから。

　「ナビゲーションを楽しむためにウェブに来ました」なんてユーザーはいない。あなたが利用できる（あるいはリソースがあって、獲得し、管理できる）コンテンツが、サイトを形作る上で重大な役割を持つのだ。先に述べたオンライン書店の例で、「販売する本のすべてのカバー画像を、ユーザーが閲覧できるようにしたい」と決めたとする。すべてのカバー画像を手に入れることができたとして、それを目録にする手段はあるだろうか？記録をとることはできるだろうか？最新の状態に保つことはできるだろうか？それに、カバー画像が手に入らなかったらどうなるだろう？

　サイトで究極のユーザーエクスペリエンスを形作るには、コンテンツについてこうした疑問を考えていくことが欠かせない。

　2つ目は、**テクノロジー**だ。ユーザーエクスペリエンスを成功に導くには、コンテンツ同様、テクノロジーも重要になる。どんな性質のエクスペリエンスをユーザーに提供できるかは、大部分がテクノロジーに依存する場合が多い。ウェブ初期のころは、ウェブサイトに接続するツールはかなり原始的で、制限が多かった。しかし、テクノロジーが進歩するにつれ、ウェブ運営にデータベースが幅広く使用されるようになった。これはさらに洗練されたユーザーエクスペリエンスのアプローチが可能になったということだ。たとえば、ユーザーがサイトをどう動き回るかに反応して変化するような、ダイナミックなナビゲーションシステムがそうだと言える。しかし、テクノロジーは常に変わっていくが、ユーザーエクスペリエンスを形成する根本的な要素は変わらない。

この本の後の章では、段階ごとに要素をかなり詳しく検証していく。各要素について述べるために用いるツールやテクニックも、さらに詳しく見ていくものがある。「各段階における要素で何が共通しているのか」、「何によって違いが生じるのか」、「総合的なユーザーエクスペリエンスの形成のためにその要素がどう影響し合っているのか」を見ていこう。

THE STRATEGY PLANE

CHAPTER 3
戦略段階

SITE OBJETCTIVES AND USER NEEDS
サイトの目的とユーザーニーズ

ユーザーエクスペリエンスを成功に導くには、戦略を明確に示すことが基盤となる。「組織のために、サイトで達成したいことは何か」、「ユーザーのために、サイトで達成したいことは何か」。この両方を知ると、ユーザーエクスペリエンスの全側面でどんな決断を下さなければならないのか把握する手がかりとなる。しかし、この2つのシンプルな質問に答えるのは、意外に難しいことなのだ。

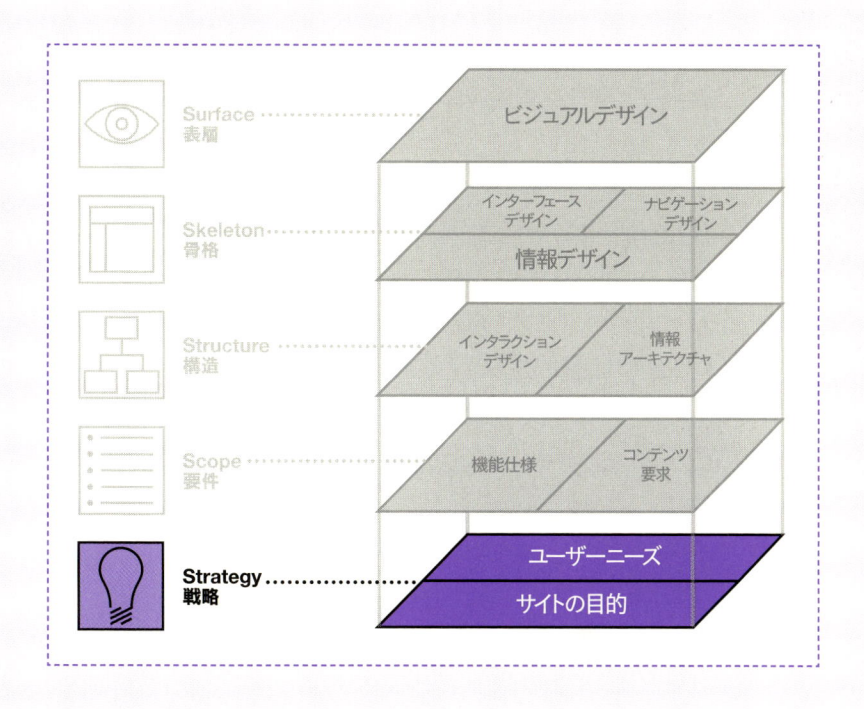

戦略を定義する

　ウェブサイトでもっともよく挙げられる失敗の原因は、技術的なものではない。ユーザーエクスペリエンスでもない。失敗の原因は、コードの1行目が書かれる前、あるいは1つ目のピクセルが転送される前、または最初のサーバーをインストールする前に存在する。ウェブサイトが失敗するのは、以下の非常に基本的な問題に誰も答えようとしなかったせいなのだ。

- ▶ このサイトから、自分たちは何を得たいのか？

- ▶ このサイトから、自分たちのユーザーは何を得たいのか？

　1つ目の質問に対する答えで、組織内から浮上する**サイトの目的**を描写できる。2つ目の質問に対する答えでは、**ユーザーニーズ**、つまり外部から課せられる目的を述べる。ユーザーエクスペリエンスをデザインする際は、戦略段階を形成している、サイトの目的とユーザーニーズの2つが合わさって、プロセスでの各決定の基盤となる。しかし驚くことに、ユーザーエクスペリエンスプロジェクトは、根本的な戦略を明確に理解しないまま始まっていることがほとんどだ。

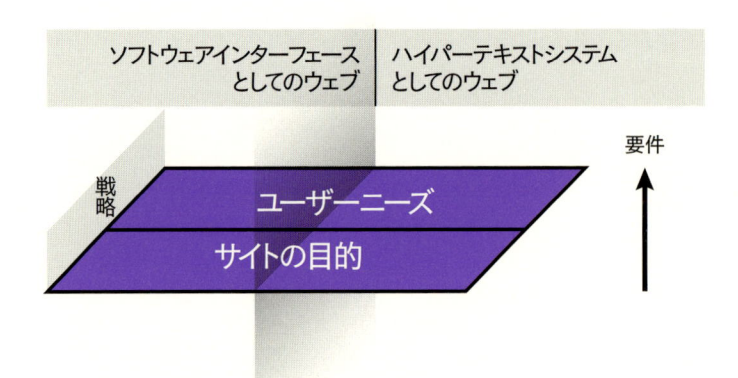

ここでのキーワードは**明確**にだ。自分たちが何を求めているのか、他の人々が自分たちに何を求めているのか。このことを正確にはっきり述べることができると、目的の達成に向けた選択肢をより正確に整えることができる。

サイトの目的

　戦略を明確に理解する第一段階は、サイトに対する自分たち自身の目的を吟味することだ。こうしたサイトの目的は、サイトを構築する人々の間では「暗黙の了解」になってしまっていることが多すぎる。その了解が「暗黙」のままでは、サイトが何を達成するべきなのか、人によって考えがバラバラになる。

ビジネスゴール

　内部の戦略の目標を表す際には、一般的に「ビジネスゴール」とか「ビジネスドライバー」という言葉が使われる。僕は「サイトの目的」を使うことにする。他の言葉では意味が狭すぎたり、広すぎたりするからだ。狭すぎるというのは、内部的な目標が必ずしもビジネス上のゴールとは限らないし（結局、すべての組織が会社と同じ目的を持っているわけではないからだ）、広すぎるというのは、ここでの関心事は「できる限りもっとも具体的な言葉で、サイト自体の達成目的を特定すること」だからだ。他にも活動はあるが、それはさておき。

　たいていの人は、サイトの目的を非常に一般的な言葉で描写し始める。もっとも根本的なレベルで、ビジネス指向のウェブサイトの存在理由を考えてみよう。一般的に次の2つのどちらかになる。ひとつは企業の資金を稼ぐため、もうひとつは節約するため。両方の場合もある。しかし、どうやって資金を稼いだり、節約したりするのかは、必ずしもはっきりしない。

これに対し、専門的すぎる目的は、論点の戦略的な問題点を適切に描写しない。たとえば、目的が「Javaベースのリアルタイムコミュニケーションツールをユーザーに提供すること」だと宣言しても、そのツールが組織の目的をどのように先へ進め、どうやってユーザーのニーズを満たす助けになるのか、説明にはならない。

専門的になりすぎることと一般的になりすぎることのバランスをとるときに、気をつけたいことがある。まだ問題を完璧に理解していない段階で、先走って解決法を特定してしまうことだ。これは避けたいものである。ユーザーエクスペリエンスを成功に導くには、「偶然決まってしまった決定」をなくす必要がある。何事も、結果をしっかりと理解した上で、決断しなければならないのだ。

ブランドアイデンティティ

サイトの目的を練る上で、肝心なのがブランドアイデンティティだ。「ブランディング」という言葉を見ると、大半の人はロゴやカラーパレット、タイポグラフィーのようなものを頭に浮かべる。こうしたブランドの視覚的な面が重要である一方（これらについては、7章の表層段階でさらに詳しく見ていく）、ブランドコンセプトはビジュアルを遙かに超える。ブランドアイデンティティ（概念的なつながりや、感情的な反応）は、避けられないから重要なのだ。ユーザーがあなたのサイトとどんなインタラクションを持つのか。それにより、ユーザーの心の中では、あなたの組織に対する印象が作り上げられるのである。

その印象が、たまたま与えたものなのか、サイトデザインにおいて行った意識的決定にもとづいた結果であるのか、運営側は選択しなければならない。たいていの組織はブランド意識について何らかのコントロールを及ぼそうとする。「ブランドアイデンティティの訴求」がとても一般的なサイトの目的である理由である。ブランディングは商売のためだけのものではない。ウェブサイトをともなうあらゆる組織——非営利団体から政府組織まで——は、

ユーザーエクスペリエンスを用いて印象を作り上げているのである。明確な目的として、その印象の特定の質を成文化することにより、肯定的な印象になる可能性が増える。

成功測定基準

レースにはゴールがある。目的を理解する上で重要なのは、「いつ自分がゴールに着いたか」をどうやって知るか、ということだ。

サイトが活用されるようになってから、「自分たち自身の目的を達成できたか」、「ユーザーニーズを満たすことができたか」を知るために追跡できる指標のことを、**成功測定基準**（success metrics）と呼ぶ。よい成功測定基準は、プロジェクトの一連の流れで下される決断に影響する。それだけではない。次のユーザーエクスペリエンスプロジェクトに対して、予算の承認を渋る人たちがいた場合、ユーザーエクスペリエンスに対してあなたがどれだけ努力したのか、具体的な証拠を提供してくれるのだ。

▶ **成功測定基準**は、戦略目標の達成に対してユーザーエクスペリエンスがどれだけ効果的かを示す、具体的な指標である。この例では、月ごとの登録ユーザーの訪問者数を測定することにより、このサイトが、核となるユーザーにとってどれだけ重要かを指し示している。

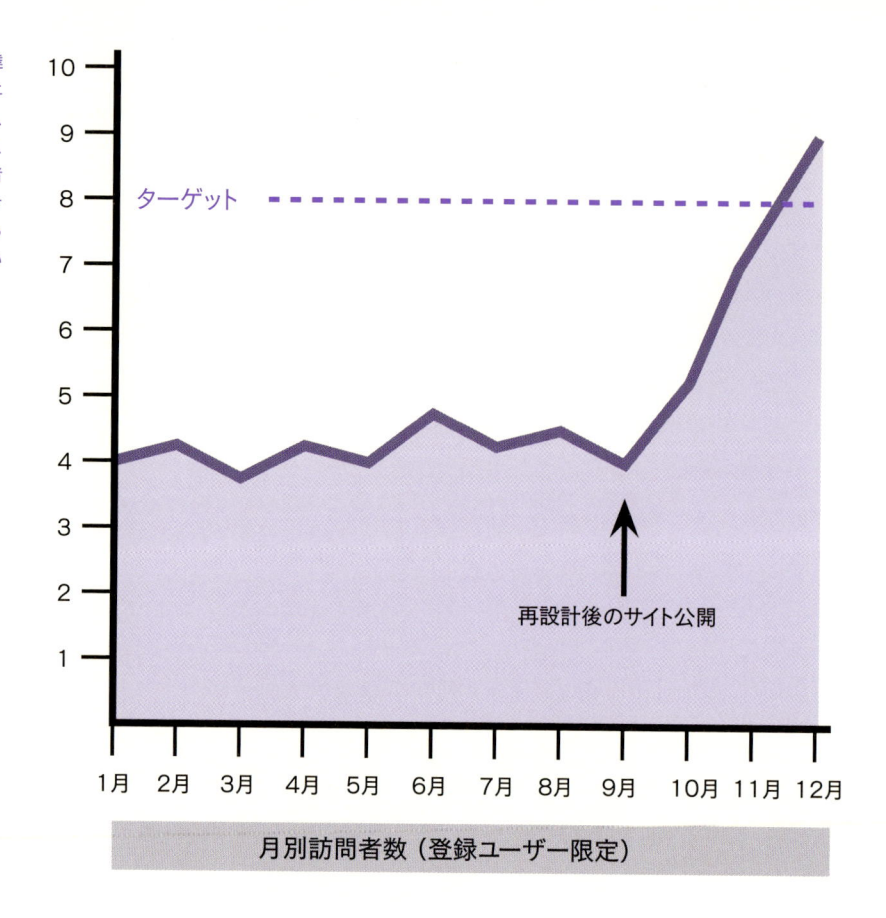

ターゲット

再設計後のサイト公開

月別訪問者数（登録ユーザー限定）

　ときに、これらの測定基準はサイトそのものと、そのサイトがどのように使われるかに関係していることもある。平均的なユーザーは、一回の訪問につきサイトにどれだけの時間滞在しているか（サーバーログを確認すればわかる）？「ユーザーにとって居心地のよいサイトにしたい、ぶらぶらして自分たちの提供しているものを探索してほしい」という場合は、訪問一回あたりの滞在時間は長くなってほしいはずだ。これに対して、情報と機能性に対してすばやくアクセスできる環境を提供したい場合は、逆に訪問時の滞在時間を短くしたいこともあるだろう。

Chapter 3　戦略段階

広告収入に頼っているページの場合、ページビュー（サイト上のページが、一日あたり何回リクエストされるか）は、とても重要な測定基準だ。けれど、自分の目的とユーザーニーズとのバランスに注意しなければいけない。ページビューを増やしたければ、ホームページとユーザーが見たいコンテンツページとの間に、ナビゲーションのページを数階層加えてみればよい。間違いなくページビューは増加する。だが、これは果たしてユーザーニーズのために役立っているだろうか？ おそらく役に立ってはいない。長い目で見ればわかる。ユーザーはイライラして「もう戻るものか」と思い、ページビューは初期の高い値からガタ落ちする。そして、おそらく階層を加える前よりも低くなってしまうことだろう。

　成功測定基準は、サイトから直に生じるものだけが対象になるとは限らない。間接的な効果も測定できるのだ。たとえば、製品の使用者がよく抱える問題に対して、サイトがその解決方法を提供しているとしよう。すると、カスタマーサポートに来る電話の数は減少するはずだ。また、ツールとリソースにすぐアクセスできる効果的なイントラネットの場合なら、営業が契約を取りつけるまでにかかる時間を短縮できる。これは、収入増に直接つながることになる。

　測定基準は、変化が直接サイトのユーザーエクスペリエンスに貢献するものがいちばんうまくいく。もちろん、再設計したサイトを公開して、オンライン取引からの収入が一日あたり40%跳ね上がったら、原因と結果との関係は明らかだ。だが、もっと長い期間で発生する変化については、その変化がユーザーエクスペリエンスから芽生えたのか、それとも他の原因から芽生えたのか、見分けることは困難かもしれない。

たとえば、サイトに新規ユーザーを集める上では、サイトのユーザーエクスペリエンス自体はそれほど役に立たない。集客には、口コミや、マーケティングの努力が必要だ。だが、そうやって集めたユーザーがまた戻ってきてくれるかどうかについては、ユーザーエクスペリエンスはかなり強力な影響力を持つ。再訪問者数を測定することは、ユーザーニーズを満たしているかどうかを判断する上で非常に有効な手段だ。でも、ここで注意しなければいけないことがある。ユーザーが戻ってこない理由には、競合他社が超大規模な広告キャンペーンを行ったり、新聞に会社の悪評が載ったからという場合もあるからだ。また、測定基準は単体で考えてはいけない。間違いなく誤解を招いてしまう。一歩はなれて、ウェブサイトの背後でどんなことが起こっているかを把握し、全体像を理解するように心がけよう。

ユーザーニーズ

誰のためにウェブを作っているのか。ここに陥りやすい罠がある。理想化したユーザー（自分たちにそっくりな誰か）のために作っている、と考えてはいないだろうか。僕たちは、自分のためにウェブを設計しているのではない。他人のために作っているのだ。その人々に、自分が作ったウェブを気に入ってもらうには、「他人」がどんな人々なのか、ニーズは何なのかを理解する必要がある。時間をかけてこうしたニーズを調査すると、自分たちの限定された観点を打破し、ユーザーの視点からサイトを眺められるようになる。

ユーザーニーズの判別は、複雑になる可能性がある。ユーザーは非常に多様かもしれないからだ。自分たちが組織内で利用するサイトを作成する場合でも、幅広いニーズに対処しなければならないこともある。一般消費者を対象としたサイトなら、その可能性は飛躍的に増加する。

ユーザーセグメンテーション

このユーザーニーズの塊は、**ユーザーセグメンテーション**を通じて扱いやすいチャンク（情報の固まり）に細分化できる。共通する特徴をキーとして閲覧者をより分けて、より小さなグループ(すなわち、セグメント)に分割する。ユーザーグループをセグメント化するやり方は、ユーザーのタイプの数だけ存在する。だが、ここではもっとも一般的なアプローチを紹介しよう。

市場調査では、**人口統計的**基準に基づいて閲覧者をセグメントする。人口統計的基準とは、性別や年齢、教育段階、配偶者の有無、収入などだ。これらの人口統計的側面は、非常に一般的な場合もあれば（18〜49歳男性）、とても具体的な場合もある（25〜34歳未婚女性で大学卒、年収$50,000以上）。

人口統計的な方法以外にも、ユーザーの見方はある。**心理的プロフィール**（個人の好みや価値観）の側面は、とくにサイトの関わる世界やテーマに対して人々がどのような態度や受け取り方をするかを表す。心理的プロフィールは、たいていの場合、人口統計と密接に関わっている。同じ年代層や地域、所得レベルの人々は、類似した態度を示すことが多い。だけれど、ユーザーの嗜好的な面を文書化することにより、人口統計的な方法では得られない洞察を得ることができるのだ。

ウェブサイトを開発する際に、もうひとつ、考慮すべき重要なことがある。テクノロジーやウェブそのものに対するユーザーの考え方だ。ユーザーは毎週どれくらいの時間、ウェブを使っているだろうか？コンピュータは日常の一部になっているだろうか？いつも最新の素晴らしいハードウェアを使っているのか、それとも5年に一度くらいしか新しくコンピュータを買わないのか？ハイテク恐怖症の人とパワーユーザーとでは、ウェブサイトに対するアプローチはまったく違っている。だから、デザインはユーザーに合わせなければならない。ここで述べたような質問に答えることで、ユーザーに合わせやすくなるのだ。

▶ユーザーセグメンテーションでは、共通するニーズによって顧客全体を小さなグループに分ける。これにより、よりユーザーニーズを把握しやすくなる。

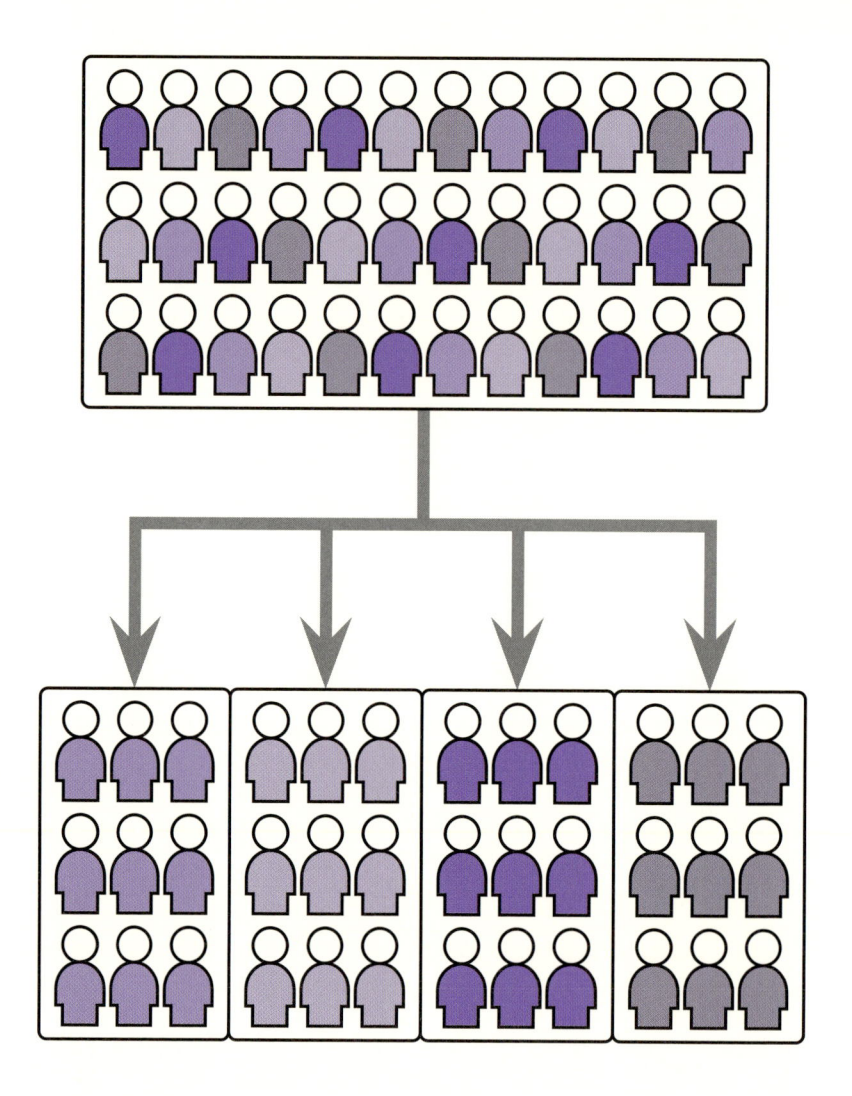

ユーザーがどれだけテクノロジーに親しみ、快適に感じているかを理解することに加えて、もうひとつ知らなければいけないことがある。自分たちの作るサイトのテーマを、ユーザーがどれだけ知っているか、ということだ。料理を始めたばかりの人に対して調理器具を販売する場合と、プロのコックに調理器具を販売する場合とでは、売り方はかなり異なるはずだ。また、株式取引アプリケーションの場合でも、「株式市場なんてよくわからない」という人と熟練した投資家とでは、それぞれ異なるアプローチが必要になる。

　人々が情報をどう使うかは、その人の社会的な役割、あるいは専門的役割に依存することも多い。大学受験生の親が必要とする情報は、その受験生自身が必要とする情報とは違っている。サイトにやって来るユーザーが、どんな異なる役割を持っているかを見分けると、異なったニーズをより分けることができて、分析しやすくなる。

　ユーザーグループで調査を実施すると、それまで扱っていたセグメントを見直す必要が出てくるかもしれない。たとえば、今、「25〜34歳の大学卒の女性」を調査しているとしよう。「30〜34歳の女性」が持つニーズと、「25〜29歳の女性」が持つニーズは違うかもしれない。もしその違いが十分大きければ、「25〜34歳」とひとつにまとめてしまうより「25〜29歳のグループ」「30〜34歳のグループ」のように別々にしたほうがよいかもしれない。逆に、もし「18〜24歳のグループ」と「25〜34歳のグループ」のニーズがかなり似ているのなら、ひとつにまとめてもよいだろう。ユーザーセグメントを作るのは、ユーザーニーズをはっきりさせるための方法にすぎない。異なるユーザーニーズのまとまりがあれば、その数だけ、異なるセグメントが必要なのだ。

ユーザーセグメントを作る重要な理由は、もうひとつある。グループが違えばニーズも違うが、違うだけでなく、ニーズが正反対の場合もある。前に述べた株式取引の例でいうと、新しく株に挑戦する人にとっては、プロセスを細かく分けて、一歩一歩段階を踏んで進むアプリケーションを提供すればいちばん役に立つだろう。だが、専門家にとっては、いちいち順を追って進むのは面倒くさい。専門家が必要としているインターフェースは、幅広い機能にすばやくアクセスできるような、ひとつにまとめられたものだ。

　ひとつのソリューションでは、この2つのユーザーニーズを同時に満たすことはできない。これは明らかだ。現段階での選択肢は、2つある。ひとつは、一方を除外して片方のユーザーセグメントだけに焦点を絞ること。もうひとつは、同じタスクにアプローチするにしても、「初心者用」と「専門家用」の2つの方法を提供することだ。どちらを選択するにしても、ここでの戦略決定が、今後ユーザーエクスペリエンスに関して行うそれぞれの選択に影響を及ぼしていくことになる。

ユーザビリティとユーザー調査

　ウェブデザインに関する本を読んだことがあるのなら、**ユーザビリティ**という言葉にぶつかったことがあるはずだ。このコンセプトが何を意味するのかは、人によって異なる。「ユーザーの代表でデザインをテストすること」を表現するためにこの言葉を使う人もいるし、非常に特定の開発方法論の適用を意味する人もいる。意味するものが違っても、ユーザビリティのためのアプローチはすべて、製品を使いやすくすることを求めていることに変わりはない。

　使いやすいウェブサイトデザインを構成するものは何なのか体系化しようと、数多くの定義や規則が挙げられている。互いに一致するものもある。だが、どれも核は同じ。「ユーザーは、使いやすい製品を必要としている」ということだ。実際、これはもっとも普遍的なユーザーニーズである。

ユーザーニーズを理解するためには、まずユーザーがどんな人々なのかを把握しなくてはいけない。**ユーザー調査**の分野では、ユーザーに関する理解を深めるため、必要なデータの収集に専念する。

　調査ツールとしては、ユーザーの一般的な態度や認識に関する情報を集めるのに最適なメソッドが用いられる。たとえば、サーベイやインタビュー、フォーカスグループなどがそうだ。

　その一方、サイトを使用する際のユーザーの振舞いや、サイトとのインタラクションといった、特定の面を理解するのにより適している調査ツールもある。ユーザーテストやフィールド研究はこちらに入る。

　一般的に、調査研究では一人一人のユーザーに長い時間を費やすほど、より詳細な情報を得ることができるだろう。とはいっても、一人一人のユーザーに費やす時間を長くすると、調査に含めるユーザーの数が少なくなってしまう（最終的にはサイトを立ち上げなければならないのだから）。

　サーベイやフォーカスグループといった**市場調査メソッド**は、ユーザーに関する一般的な情報を集めるのに役立つ。これらのメソッドは、どんな情報を掴み取りたいかがはっきりしている場合に、もっとも効果的だ。ユーザーがサイトの特定の機能を使っているときに、そこで何が行われているかを知りたいのか？ または、それについてはもう知っているけれど、なぜそうするのかを知りたいのか？ 知りたいことがはっきり描けていればいるほど、尋ねる情報を効果的に絞り込むことができ、より確実に正しい情報を得られるようになる。

コンテクスト探求（contextual inquiry）とは、日常生活というコンテクストの中でユーザーを理解するためのメソッドの総称で、もっとも強力かつ広範囲に渡るツールやテクニックなどを含む。これらのテクニックは、もともと人類学者が文化や社会を研究するために用いていたメソッドから派生している。たとえば、「遊牧民族がどのように行動しているのか」を検証するのと同じメソッドが、もっと小さなスケールで適用され、「人々が飛行機の部品を購入するときには、どのように行動するか」を検証するために使われるのだ。唯一の弱点は、コンテクスト探求には非常に時間とお金がかかる場合があるということだ。しかし、それだけのリソースがあり、抱えている問題のためにより深くユーザーを理解しなければならないのなら、コンテクスト探求は役に立つに違いない。他のメソッドでは明らかにならないような、微妙なユーザーの振舞いを浮き彫りにすることができるのだ。

コンテクスト探求に密接に関わるメソッドのひとつが**タスク分析**だ。タスク分析の裏側にある考えは、ユーザーとウェブサイトとのインタラクションはすべて、ユーザーが実行しているタスクの一連の流れの中、すなわちコンテクストの中で発生するというものだ。タスクは非常に絞られている場合もあるし（映画のチケットを購入するなど）、もっと幅広い場合もある（国際通商の規定について知るなど）。タスク分析は、ユーザーがこのようなタスクを達成するまでに進むステップを詳細に検証するメソッドだ。この検証はインタビューでもよいし、現場で観察してもよい。インタビューの場合は、ユーザーからエクスペリエンスについて話しを聞き出せばよいし、観察の場合は「生息地」でユーザーを観察すればよい。

ユーザーテストはユーザー調査の一環としてよく用いられる形式だ。ユーザーテストは、ユーザーを試すことではない。逆に、ユーザーに自分が作ったものをテストしてもらうのだ。ユーザーテストは完成したサイトで行われる場合もあるし、再設計の準備のためだとか、運営開始前にユーザビリティ上の問題を解決するために行われることもある。他にも、制作中のサイトで

テストする場合もあるし、完成サイトのラフなプロトタイプを使うこともある。

　完全に運用できるウェブサイトでテストをするときは、対象範囲が非常に広くも狭くもなる。フォーカスグループでのサーベイでもそうだが、ユーザーと向き合う前に「自分は何を調査したいのか」をはっきり把握しておくのがいちばんだ。でも、だからといって「ユーザーテストは厳密に定義したタスクを、ユーザーがいかにうまく達成するかを評価することだけに限定しなければいけない」というわけではない。ユーザーテストは、もっと一般的で具体性の少ない問題についても調査できるのだ。たとえば、サイトデザインに修正を加えたものをいくつか用意し、「どれが企業のブランドメッセージを強化できるか、逆にダメにするか」を知ることもできる。

　ユーザーテストのもうひとつのアプローチは、ユーザーにプロトタイプを使ってもらうことだ。このプロトタイプはさまざまな形式が考えられる。紙にざっと描いたものから、必要最低限のHTMLページを使った「ローファイ（厳密ではない）」なモックアップ、完成サイトと錯覚するような「クリックスルー」できるプロトタイプまでさまざまだ。大規模なプロジェクトでは、段階別に異なる種類のプロトタイプを用いて、開発プロセス全般においてユーザーからのフィードバックを集める。

　ユーザーテストは、まったくサイトを使わずに行われる場合もある。ユーザーを雇ってさまざまな作業を実行してもらうことにより、「サイトのテーマに対して、ユーザーがどうアプローチするのか」を見抜くことができる。ユーザーが情報の要素をどのようにグループ化するのか、カテゴライズするのかを探る方法のひとつに、**カードソーティング**がある。この方法では、ユーザーに一束のインデックスカードを渡す。カードには、一枚一枚に名前や説明描写、図やコンテンツの種類などが記入されている。ユーザーはそのカードを分類（ソート）し、「こう分けるのがいちばん自然だ」と感じるやり方でカードをグループに分ける。何人かのユーザーにカードソーティングを行っても

らい、その結果を分析すると、サイトが提供する情報についてユーザーがどのように考えているのか、理解しやすくなる。

　ユーザーに関するあらゆるデータを集めることは信じられないほど有効である。ただし、ときに、そういったデータに隠れて本当のユーザーの姿を見失ってしまう。ユーザーを**ペルソナ**（ユーザーモデル、ユーザープロフィールということもある）にすることでより実際のユーザーに近づけることが可能だ。ペルソナは、実際のユーザー全範囲のニーズを代表して作られた、架空のキャラクターである。ユーザー調査やセグメント作業から得たバラバラのデータに顔と名前を用意することで、デザインプロセスの間、ユーザーを思い描く手助けとなってくれる。

　では、例を見てみよう。自分たちのサイトの目的が、自分でビジネスを始めたい人々への情報提供だとする。調査の結果から、閲覧者の大部分は30〜45歳になることがわかっている。これらのユーザーは一般的に、ウェブやコンピュータ技術にかなり慣れ親しんでいるとする。ビジネス経験という観点では、業界でかなりの経験をつんでいる人もいるし、経営に関することはこれが初めて、という人もいる。

　この場合は、2種類のペルソナを作成するのが適切ではないかと考えられる。1人目のペルソナをジャネットとしよう。彼女は42歳で、結婚しており、子供が2人いる。ここ数年間、大きな会計事務所の部長として勤務している。他人のために働くことに不満を感じており、「独立して会社を設立したい」と考えている。

　2人目のペルソナはフランクだ。37歳で結婚しており、子供が1人いる。フランクは長年日曜大工を趣味にしてきた。フランクは、自作の家具を友人に見せたところ「これはすごい」と驚かれたことから、「自分の作品を販売して、ビジネスにできないだろうか」と考えている。ただ、新しいビジネス

ジャネット

「多すぎる情報をかき分けている時間はありません。手早く答えを知りたいのです」

ジャネットは企業の環境で働くことに不満を感じ、独立して会計実務を始めたいと考えている。

年齢:42
職業:会計事務所　部長
家族:既婚、子供2人
世帯収入:年収$140,000

技術的知識:技術にはかなり慣れている。Dellのノートパソコン(約1年使用)でWindows XPを利用。インターネット接続環境はDSL。週8〜10時間オンライン接続。
インターネット使用状況:75%は家庭で使用。ニュース閲覧、情報収集、ショッピング
お気に入りのサイト:WSJ.com、Salon.com、Travelocity.com

お気に入りのサイト:

WSJ.com　　Salon.com　　Travelocity.com

フランク

「まだ何もわからないので、イチからすべて説明してくれるサイトが必要だ」

フランクは家具作りの趣味をどうやってビジネスにできるか、知りたいと思っている。

年齢:37
職業:スクールバス運転手
家族:既婚、子供1人
世帯収入:年収$60,000

技術的知識:技術にはやや疎い。Apple iMac(2年使用)でMac OS 9を利用。インターネット接続環境はダイアルアップモデム。週4〜6時間オンライン接続。
インターネット使用状況:100%家庭で使用。エンターテインメント、ショッピング
お気に入りのサイト:ESPN.com、moviefonr.com、eBay.com

お気に入りのサイト:

ESPN.com　　moviefone.com　　eBay.com

◀ペルソナは、ユーザー調査から作り上げた架空のキャラクターであり、ユーザーエクスペリエンス開発中にユーザー例として使われる。

を立ち上げるために、スクールバス運転手としての仕事を辞める必要があるかどうか、確信がない。

　こうした情報がどこから出てきたかというと、ほとんどは自分たちが作り出したものだ。調査でユーザーについて知った事実とペルソナの情報は一致させたい。だが、詳細な情報に関しては自分たちが作り上げた架空の人物だ。細かい情報を盛り込むことにより、キャラクターに魂を吹き込み、実在のユーザーの代役を果たせるようにしている。

　ジャネットとフランクはさまざまなユーザーニーズを象徴している。サイトのユーザーエクスペリエンスについて何らかの決定を下す際に、彼らを念頭に置いておく必要がある。彼らがどんな人物か、どんなニーズを持っているのかを覚えやすくするために、素材集から写真を持ってきて、よりその人らしくする。そして、その写真と情報を組み合わせるのだ。このプロフィールは印刷してオフィスに貼っておけばよい。何か決定するときに、「これはジャネットの役に立つかな？フランクだったらどう反応するだろう？」と自問することができる。ペルソナがあると、常にユーザーのことを考えながら一歩一歩進みやすくなるのだ。

チームの役割とプロセス

　戦略課題は、ユーザーエクスペリエンス開発プロセスに関わる全員に影響する。しかし、この事実にもかかわらず（または、おそらくこの事実のせいで）、こうした目的を作成する責任はまったく忘れ去られてしまう。この問題をうまく扱うために、コンサルティング会社は顧客のプロジェクトに**戦略担当専門家**を雇う場合もある――が、そうした一流の専門家を雇うのはたいてい高くつくし、戦略担当専門家はサイトそのものを構築する直接的な責任がないので、プロジェクト予算を削るとしたら、ほとんどの場合、この項目がまず削除されてしまう。

戦略担当専門家は、組織全体で数多くの人々と話をする。そして、サイトの目的とユーザーニーズの疑問について、できる限り多くの観点を手に入れる。**ステークホルダー**（利害関係者）は、サイト戦略の影響を受ける部門の責任者で、上層の意思決定者たちである。たとえば、顧客が製品サポート情報にアクセスできるように設計されたサイトの場合、ステークホルダーには、プロダクトマネージャー同様、マーケティングコミュニケーションやカスタマーサービスの代表者が含まれるだろう。その組織での公式な意思決定の仕組みによって（それと、非公式な社内政治の状況によって）、誰がステークホルダーに含まれるかが変わってくる。

　戦略を作成する際に、無視されることが多いのは、一般従業員だ。一般従業員は組織を日々運営する責任があるにもかかわらず、無視される。しかし「何がうまくいくか、うまくいかないか」を判断する感覚は、一般従業員のほうが管理者よりも優れている。一般従業員は、上層の意思決定者たちに真似できない方法で、戦略に情報を与えてくれる。ユーザーニーズに関してはとくにそうだ。顧客がどんなことについて困っているのか、それをいちばんよく知っているのは毎日顧客と話す人々なのだ。製品開発チームは顧客からのフィードバックを必要としている。だが、それが製品開発チームまで届かないという状況が頻繁にあることを知って、僕はよく驚かされる。

　サイトの目的とユーザーニーズは、公式な**戦略記述書**あるいは**ビジョン記述書**としてひとつにまとめられて定義されることが多い。ユーザーニーズは、ユーザーレポートとして別途、文書化されることもある（持っている全情報をひとつにまとめるほうが明らかに有利な面があるのだが）。この文書は、単なる目的の一覧ではない。この文書を用いて、「さまざまな目的同士の関係」や「その目的がいかに組織という、より大きなコンテクストに適応するか」を分析できる。この目的と分析はステークホルダー、一般従業員、ユーザー自身の言葉によって裏づけられることが多い。彼らの言葉はプロジェクトに関わる戦略的な問題を鮮明に描き出している。

「大は小をかねる」と言うが、戦略を文書化するときには、必ずしもこれは当てはまらない。要点を納得してもらうのに、ありとあらゆるデータやコメントを含める必要はないのだ。簡潔に、そして要点を外さないように気をつけよう。文書を見る人々は、膨大な量の補足資料を読み進めていくほど時間も関心もない。それに、資料の量で圧倒するよりも、読んだ人が戦略を理解できることのほうがずっと重要なのだ。効果的な戦略記述書はユーザーエクスペリエンス開発の手本として役立つ。しかし、それだけではない。組織の他部門でプロジェクトが発生したとき、それをサポートする役にも立つのだ。

いちばん避けるべきなのは、チームに対して戦略記述書へのアクセスを制限してしまうことだ。文書はどこかにしまい込むために作成したのではないし、ほんの一握りの重役だけが使うものでもない。プロジェクトで文書が積極的に利用されてこそ、文書化した努力が報われるのだ。デザイナー、プログラマー、情報アーキテクト、プロジェクトマネージャーなど、全参加者が詳細な情報を得た上で決断を下すために戦略記述書が必要だ。戦略文書には細心の注意を払うべき資料が含まれることが多い。しかし、その戦略を実現しようとするチームにまで隠してしまっては、その実現を阻むことになってしまう。

ユーザーエクスペリエンス開発プロセスの始まりは、戦略でなければいけない。けれど、必ずしも「プロジェクトを進める前に、戦略を確定するべき」というわけではない。動いている獲物を狙うのは時間とリソースの無駄（心にかなりイライラが募るのはいうまでもない）だけれど、戦略は発展と改良ができるものだし、するべきなのだ。体系立てて再考し、改良した戦略は、インスピレーションの源としてプロセス全般にわたってずっと役立ってくれる。

書籍の紹介

Cooper, Alan. The Inmates Are Running the Asylum: Why High-Tech Products Drive Us Crazy and How to Restore the Sanity.Sams,1999 年（Sams → Macmillan Computer Pub）
邦訳：『コンピュータは、むずかしすぎて使えない!』
アラン・クーパー（原著）、山形浩生（翻訳）、翔泳社、2000 年

Krug, Steve.Don't Make Me Think: A Common Sense Approach to Web Usability.New Riders, 2000 年（New Riders → Macmillan Computer Pub）
邦訳：『ウェブユーザビリティの法則―ストレスを感じさせないナビゲーション作法とは』
スティーブ・クルーグ（原著）、中野恵美子（翻訳）、ソフトバンクパブリッシング、2001 年

Spool, Jared M.,et al. Web Site Usability: A Designer's Guide. Morgan Kaufmann, 1998 年
邦訳：『Web サイトユーザビリティ入門―ユーザーテストから発見された「使いやすさ」の秘密（Web サイト入門シリーズ）』
ジャレッド・M・スプール、W. シュローダー、T. デアンジェロ、T. スキャロン、C. シュナイダー（原著）、篠原稔和（監訳）、三田仲人（翻訳）、東京電機大学出版局、2002 年

Web リソース：www.jjg.net/elements/resources/

THE SCOPE PLANE

CHAPTER 4
要件段階

FUNCTIONAL SPECIFICATIONS AND
CONTENT REQUIREMENTS
機能仕様とコンテンツ要求

「自分たちが求めているもの」と「ユーザーが求めているもの」がはっきり把握できていれば、全戦略を成功させるにはどうすればよいのかがわかる。ユーザーニーズとサイトの目的を「ウェブサイトはユーザーに対してどんなコンテンツや機能性を提供するのか」という明確な要求にすると、戦略は要件になる。

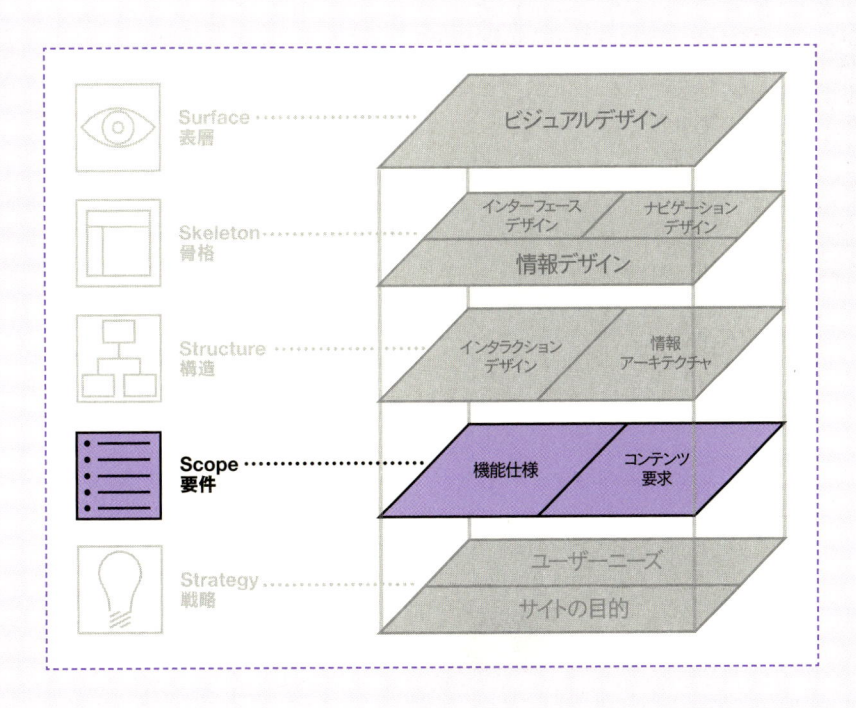

Surface 表層	ビジュアルデザイン
Skeleton 骨格	インターフェースデザイン / ナビゲーションデザイン / 情報デザイン
Structure 構造	インタラクションデザイン / 情報アーキテクチャ
Scope 要件	**機能仕様 / コンテンツ要求**
Strategy 戦略	ユーザーニーズ / サイトの目的

要件を定義する

　自分たちが何かをするとき、2つの場合がある。ひとつは、プロセスに価値がある場合。ジョギングだとか、ピアノの音階を練習することは、このケースに入る。もうひとつは、結果に価値がある場合。チーズケーキを作ったり、車を修理したりすることは、こちらのケースに入る。プロジェクトの要件を定義することは、両方を兼ねている。プロセスに価値があり、そしてそこから生まれる結果も価値があるのだ。

　プロセスにはなぜ価値があるのか。それは、まだすべてが仮定の段階で、「可能性のある対立や厳しい状況」に注意を向けざるを得なくさせてくれるからだ。今対処できるものと、まだ待つ必要があるものとを見極めることができるのだ。

　結果にはなぜ価値があるのか。それは、チーム全体に「プロジェクトを通じてなすべき全作業の基準点」と「作業に関する共通の言葉」を与えてくれるからだ。要求を定義することによって、開発プロセスから曖昧な部分をなくすことができるのだ。

　僕が以前取り組んだウェブアプリケーションは、永遠にベータ版のような状態だった。どういった状態だったかというと、「完成間近ではあるけれど、実際のユーザーに出すには不十分」というものだ。僕たちのアプローチは数々の間違いがあった。技術は不安定だったし、僕たちはユーザーについて何も知らなかった。それに、会社中見渡しても、ウェブ開発の経験があったのは僕しかいなかったのだ。

　でも、僕たちが製品を公開できなかったのは、これらのせいではない。僕たちにとっての大きな障害は、要件の文書化を嫌がったことだった。つまり、みんな同じオフィスで働いているのにすべてを書き留めるのは、非常にわず

らわしかったのだ。それに、プロダクトマネージャーは新しい機能を練り上げるのに必死で、それどころではなかった。

その結果できた製品は、完成度がまちまちの機能を寄せ集めたもので、絶えず変更が生じていた。どれくらい機能が完成しているのかもばらばらの状態だった。誰かが新しい記事を読んだり、製品をいじっている間に新しいアイデアを思い浮かべたりすると、その影響で他の機能が生まれた。常に作業は流れていたが、スケジュールはないし、マイルストーンもなかった。終わりも見えなかった。誰もプロジェクトの要件を知らなかったのだから、作業の終わりがわかる人なんているわけがなかった。

要求をわざわざ文書化するのには、2つの主な理由がある。

理由その1:自分が何を構築しているのかわかるように

これは、ある意味当たり前かもしれないが、そのウェブアプリケーションを構築しようとしているチームにとっては驚きだ。自分たちが何を構築しようとしているのか、正確に書き出すことによって、チームの全員がプロジェクトの目的を知ることができるし、目的に達した際にはそのことを自覚できるようになる。要求が文書化されていないと、最終的な製品像はプロダクトマネージャーの頭の中だけにしかない無形のものだ。しかし、書き出すことで具体的なものになり、組織の上層幹部からエントリーレベルのエンジニアまで、あらゆる層の人がともにその最終的な製品像を念頭に仕事ができるようになる。

文書化した要求がないと、プロジェクトは子供の「伝言ゲーム」のようなものになってしまうことだろう。製品に対する印象を、チーム全員が口々に伝えていくが、全員の表現がどれも微妙に異なってしまうのだ。もっとひどい場合には、みな「プロジェクトの重要なところは、きっと誰かが管理しているんだろう」と推測し、実際は誰も管理していない、なんてことも起こりうる。

しっかりと定義された要求があると、もっと効率的に作業の責任を分配することができる。詳細に計画された全要件を理解することにより、個々の要求のつながりを理解できるのだ。全要件をわかっていなければ、このつながりも明らかにはならないだろう。初期のディスカッションでは、サポート文書とプロダクトスペックシートは、一見、別々のコンテンツの機能性のように思えるかもしれない。だが、これらを要求として定義してみると、両方がかなり重複していたり、同一のグループがその両方に責任を持つべきだとわかったりする。

理由その2:自分が何を構築していないのかわかるように

よさそうに聞こえる機能性はたくさんあるけれど、それが必ずしもプロジェクトの戦略目標と一致するとは限らない。それに、プロジェクトがうまく進行すると、機能性に対するあらゆる可能性が浮上してくる。文書化された要求があれば、こうして浮上してきたアイデアを評価するフレームワーク（枠組み）を得ることができる。

▶現在のスケジュールでこなせない要求があったら、それは、開発サイクルの次のマイルストーンの基盤に持ってくればよい。

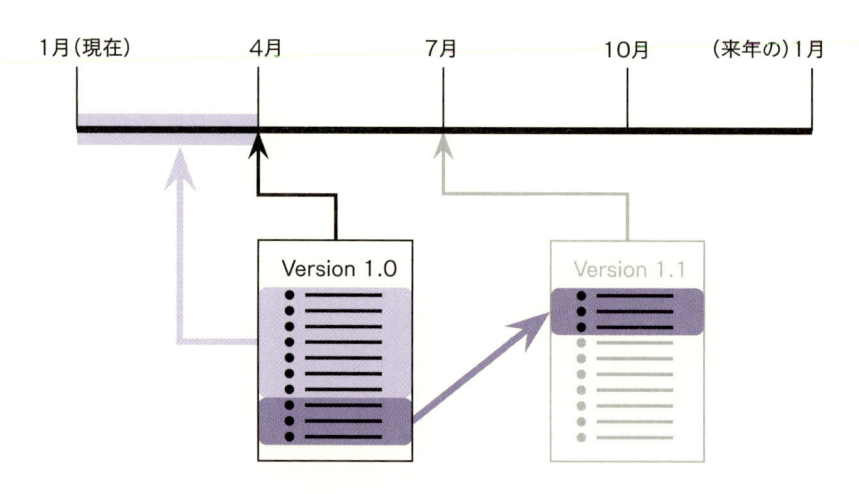

「構築していないものを知る」ということは、「**今現在**構築していないものを知る」ということでもある。これらの優れたアイデアを集めることの本当の価値は、「そのアイデアをどうやって長期計画に組み込むか」の方法を見つけることから生まれる。具体的な開発要求書を策定し、この要求にそぐわないリクエストを、今後リリースする製品のための可能性として蓄積することにより、プロセス全体をより計画的かつ意識的に管理することができる。

　要求の管理を意識的に行わないと、非常に恐ろしい「要件変更（scope creep）」に遭遇することになる。僕は、このことで思い浮かぶイメージがある。ほんの1インチしか前に進まない雪玉。そしてもうひとつ——雪玉はちょっとずつ雪が周囲についていく。谷を転げ落ちる直前まで大きくなり続け、落ちるのを止められなくなってしまう。これと同じことで、追加される要求ひとつひとつを見ればたいしたことはないかもしれないが、すべての要求を合わせると、もうプロジェクトは手をつけられない状態で転がっていってしまう。そして過去の締め切りや予算見積もりを振り払い、最後のクラッシュへと突き進むというわけだ。

機能性とコンテンツ

　要件段階では、戦略段階で扱ってきた「なぜサイトを作成するのか」という抽象的な疑問から離れ、それを踏まえて新しい疑問を作り上げていく。「何を作成しようとしているのか？」という疑問だ。

　ソフトウェアインターフェースとしてのウェブと、ハイパーテキストシステムとしてのウェブとが分かれていることは、要件段階で作用し始める。ソフトウェア側では、機能性——すなわち、何がソフトウェア製品の「一連の機能」として考えられるか——を明らかにすることに取り組んでいる。ハイパーテキスト側で取り扱っているのは、コンテンツ——元来エディトリアルやマーケティングコミュニケーション部門の分野だ。

　コンテンツと機能性はまったく違うもののように見えるが、要件を定義する際には、この2つは非常に似た方法で描写される。ソフトウェアの機能と提供するコンテンツの両方を指すのに、僕は「機能性（feature）」という言葉を使うことにする。

ソフトウェア開発では、要件は機能要求、すなわち**機能仕様書**（functional specifications）として定義される。組織によっては、この機能要求と機能仕様の2つがまったく別物のこともある。プロジェクトの初期に「このシステムが何をするべきか」を表すのが要求であり、プロジェクトの最後に「このシステムが実際にすること」を表すのが仕様だったりするという場合もあるのだ。また、「仕様は要求のすぐ後に作成されるもので、導入に関する細目を書き込んだもの」という場合もある。だが、たいていの場合は、この2つの言葉はどちらを使っても変わりはない——実際、確実にすべてカバーしていることを表すために「機能要求仕様（functional requirements specification）」を使う人もいる。僕は文書そのものを指す場合は「機能仕様書（functional specifications）」を、そしてそのコンテンツを指す場合は「要求（requirements）」を使うことにする。

　この章で使う言葉は、大部分がソフトウェア開発で使われるものだ。でも、ここでのコンセプトはコンテンツにも等しく当てはまる。コンテンツ開発はソフトウェアの場合ほどかっちりとした要求収集はしないけれども、根底にある理論は同じなのだ。コンテンツ開発者は、自分が開発するコンテンツにどんな情報を含める必要があるのかを確定するために、人々と話をしたり、資料をじっくり調べたりする。資料はデータベースだったり、引き出しいっぱいの新聞切り抜きだったり、さまざまだ。このような**コンテンツ要求**（content requirements）を集めるプロセスはそれほどかっちりしたものではないが、技術者がステークホルダーと機能性についてブレインストーミングしたり、既存の文書をレビューするのとさほど変わらないのだ。目的とアプローチは同じだ。

　コンテンツ要求は、機能にも影響する。最近、コンテンツはたいてい**コンテンツマネジメントシステム**（**CMS**）によって管理されている。このシステムは形式も規模もさまざまだ。非常に大規模かつ複雑で、何十もの異なるデータソースからページを動的に生み出すものから、ひとつのコンテンツを

▶コンテンツマネジメントシステムがあれば、コンテンツを作成し、ユーザーに提供するまでのワークフローを自動化できる。

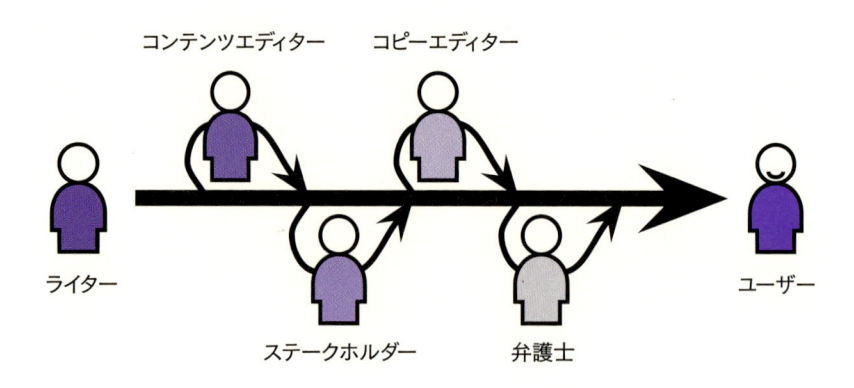

ライター → コンテンツエディター → ステークホルダー → コピーエディター → 弁護士 → ユーザー

効果的に管理するために最適化された軽量ツールまでいろいろある。独自のコンテンツマネジメントシステムの購入を決めるかもしれないし、オープンソースの代替システムを使うかもしれないし、自力でイチから作るなんてこともあるかもしれない。いずれにしても、システムを自分の組織とコンテンツに合うように仕立てるには、いろいろ調整を加える必要があるだろう。

コンテンツマネジメントシステム（CMS）にはどんな機能性を兼ね備える必要があるかは、管理するコンテンツの性質次第だ。複数の言語やデータフォーマットでコンテンツを維持する必要があるなら、CMSはそうしたコンテンツ要素をすべて扱えるものでなければいけないだろう。プレスリリースを出すのに、いちいち6人の部長と弁護士の承認が必要だというのなら、CMSはそのワークフローにおける承認プロセスをサポートするものでなくてはいけない。ユーザーの好みに合わせて、コンテンツ要素を動的に結合させたいのなら、CMSはそれだけ複雑な配信ができるレベルでなければならない。

同様に、機能要求はコンテンツに影響する。スクリーンの表示設定について作業指示はあるだろうか？エラーメッセージはどうだろう？こうしたことを誰かが書く必要がある。ウェブサイトで「Null input field exception（Null入力フィールドの例外）」というエラーメッセージを見るたびに、「エンジニアの

代替メッセージが最終製品になってしまったのだな、誰もエラーメッセージをコンテンツ要求にしなかったからなんだ」と思う。もっと改善できたはずの技術的プロジェクトは、無数にある。開発者が、誰かに「コンテンツに注意をして、アプリケーションをチェックしてください」と頼みさえすれば、改善できたはずなのだ。

要求を収集する

　要求には、サイト全体に適用できるものもある。この好例が、ブランディングに関する要求だ。サポートするブラウザや OS に関するような、技術的な要求もそうだ。

　一方、特定の機能性だけに適用する要求もある。人が何かの要求について述べるときは、たいていは、その製品に必要な、ある単独の機能性を考えていることが多い。

　要求を集めるときには、どんなときでも、ユーザー自身がもっとも生産的な情報源になる。「人々が望んでいるものは何か」を見つける最善の方法は単純だ。**その人々に尋ねる**とよい。3 章で説明したユーザー調査テクニックを使うと、ユーザーがあなたのサイトにどんな機能を望んでいるのかが、よりよく理解できるようになる。

　要求を集めるのがステークホルダーからでも、組織内、あるいは直接ユーザーからでも、出てきた要求は 3 つのカテゴリーに大別できる。まず、いちばん明らかなタイプが、人々が「私たちはこれがほしい」と発言する要求だ。この中には非常によいアイデアが含まれていることもあり、最終製品に活かされたりする。

　発言の中には、あまりよいアイデアとはいえないものもある。しかしこれ

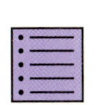

は次のタイプの要求を表しているのだ。つまり、彼らが**実際**に望んでいるものである。何か難しいプロセスや製品にぶつかったとき、その困難を緩和してくれるような解決策を想像するのは、誰にでもよくあることだ。そうした解決策は実行不可能だったり、あるいは潜んでいる病より、むしろその症状に向けられていたりする。こうした提案をじっくり検討すると、口に出された要求とはまったく異なる要求にたどりつき、潜んでいた本当の問題を解決できることもある。

要求の 3 番目のタイプは、人々がほしいことに気づいていなかった機能性だ。新しい要求や戦略目標について人々に話してもらっていると、サイトのメンテナンス中に、それまでは考えもしなかったような非常に優れたアイデアがぱっと浮かぶこともある。ブレインストーミングの最中、参加者がプロジェクトについて話し、新たな可能性を探っているときに浮かぶことが多いのだ。

皮肉だが、サイトの作成・作業にどっぷりつかっている人ほど、サイトの新しい方向性を想像できないものだ。このため、グループブレインストーミングセッションでは、組織内のさまざまな部門や、多様なユーザーグループから人を集めると、非常に効果的だ。ユーザーの心が開放され、それまでは考えもしなかったような可能性に到達しやすくなる。

エンジニア、カスタマーサービス代理店、マーケティング担当者などを集めて、ひとつのウェブサイトについて話してもらうことは、みんなにとって有意義だ。自分たちが慣れ親しんでいる考え方以外の観点を聞き、その疑問に答えるチャンスを持つことにより、サイト開発上の問題について、そして可能性のある解決策についてより幅広い言葉で考えられるようになる。

要求を生み出すことは、障害を取り除く道を見つけることだ。もう購入しようと決めたユーザーがいると仮定しよう（ただ、あなたの商品を買うかどうかはまだ決めていない）。ユーザーがもっと簡単にあなたの製品を選び、購入できる

ようにするためには、あなたのサイトは何ができるだろうか?

　3章では、ペルソナという架空の人物像を作成するテクニックに注目した。ペルソナがあると、ユーザーニーズを理解しやすくなる。要求を決定する上で、またペルソナを使うことにしよう。ペルソナを**シナリオ**と呼ばれるちょっとしたストーリーに組み込むのだ。シナリオは短くて単純な物語で、ペルソナがユーザーニーズをどうやって満たそうとするのかを描写しているものだ。ユーザーがとり得る行動を想像することで、彼らのニーズを満たせる隠れた要求を掘り起こすことが可能になる。

　また、競合他社を見ることでもインスピレーションがわくだろう。同じ分野のビジネスに携わる人なら誰でも、同じユーザーニーズを満たそうとしているだろうし、おそらく同様のサイトの目的を達成しようとしているはずだ。競合社は戦略目標を達成する上で、とくに効果的な機能性を見つけているだろうか? どうやって自分たちが直面しているようなトレードオフや妥協に対処してきたのだろうか?

　直接的には競合していないサイトでも、可能性のある要求の情報源として役立つこともある。たとえば、大部分の企業サイトは人材雇用情報を提供している。異なる産業の企業がこうしたコンテンツをどう扱っているかを見ることにより、直接的な競合他社を超えるアドバンテージをもたらすアプローチを見つけられるかもしれない。

　要求をどれだけ詳細にするかは、プロジェクトの特定の要件に依存する場合が多い。もしプロジェクトの目的が、非常に複雑なサブシステムを導入することであれば、サイトの規模に比べれば小さいかもしれないが、要求はかなり詳細にする必要があるかもしれない。その逆に、非常に大きな規模のコンテンツプロジェクトでも、コンテンツ要求が非常に一般的にしかなりえず、一様なコンテンツしか関わらないこともあるかもしれない。

機能仕様

　機能仕様は、ある部署では非常に評判が悪い。仕様書はプログラマーにとって恐ろしく苦痛だし、仕様書を読む時間だけコードを打つ時間が減ってしまうので、ひどく嫌われている。結果として、仕様書は読まれなくなるし、そのせいで「仕様書を作るのは時間のムダ」という印象がいっそう強まる。

　機能仕様について文句をひとつ挙げると、「実際の製品を反映していない」ということがある。導入の過程で、物事は変化する。誰もがこのことは理解している。テクノロジーを利用した作業は、本来そういうものだからだ。「これは役立つはずだ」と思ったものが役に立たないこともあるし、思い通りにいかないという場合もよくあることだ。しかし、だからといって仕様書を書かなくてよいわけではない。それどころか、仕様書をしっかり書き、最新の状態に保つことが重要だ。導入中に物事が変化したら、「仕様書なんて書いてもムダだ」とあきらめるのは間違っている。仕様書は、開発と同期させることが正しい。更新を怠ってはいけないのだ。

　しかし、プロジェクトがどんなに大規模でも複雑でも、要求には2、3の一般的なルールが当てはまる。

ポジティブにいこう：「システムがやってはいけないこと」を記述するのではなく、「そのやってはいけないことを避けるためにシステムが何をするのか」を記述しよう。たとえば、まず否定的な例。

> **このシステムでは、ユーザーはタコ糸を購入しなければタコを購入できない。**

　それよりも、こちらのほうがよい。

このシステムでは、ユーザーがタコ糸を購入せずに
タコを購入しようとしたら、タコ糸のページにユーザーを導く。

具体的にいこう：要求を達成ができたか否かを決められる唯一の方法は、できる限り解釈の余地を狭めることだ。

以下の例を見比べてほしい。

1. このサイトは、障害者にとってアクセスしやすい。
2. このサイトは「リハビリテーション法（Rehabilitation Act）」
   の508条を順守する。

1つ目の例は、一見はっきりした要求のようだが、すぐに欠点が見えてくる。何を「アクセスしやすい」とみなすのか？すべての画像にテキストで説明をつければ、それで十分だろうか？それに、障害者にはどんな人が含まれるのか？サイトが音声に依存しなければ、耳の聞こえない人にとってはアクセスしやすいに違いないが——それで十分なのか？

幸い、こうした定義や区別を練り上げてくれた人々がいる。連邦議会だ。2つ目の例では、具体的な法律文書に触れている。僕たちのゴールはその法律文書に非常に詳しく説明されているのだ。2番目の要求では違った解釈が生まれる余地を除いている。このおかげで、作業中や導入後に浮上しがちな議論をうまく回避できるのだ。

主観的な言葉を避ける：これは要求を具体的にすることと、要求から曖昧さ——つまり、誤解を生む可能性をなくすことを別の言い方で表したものだ。

以下は非常に主観的な要求の例。

> このサイトは、センスがよくて、派手なスタイルにする。

　要求は、反証可能でなければならない——つまり、要求を果たせなかった場合、証明が可能でなければいけないのだ。「センスがよい」とか「派手」といった主観的なクオリティが満たされたかどうかを証明することは難しい。僕が考える「センスがよい」とあなたの考える「センスがよい」とはおそらく一致しないだろうし、CEO の考える「センスがよい」も、まったくの別物だろう。

　でも、これは「サイトをセンスよくすることを要求してはいけない」ということではない。ただ、どの基準を適用するのか、具体的にしなければいけないということだ。

> このサイトは、郵便局員であるウェインが期待する
> センスのよさを満たす。

　ウェインは普段はプロジェクトに何も口出ししない。だが、僕たちのプロジェクトスポンサーは、彼のセンスのよさをはっきり認めている。そのセンスがユーザーと同じだとよいのだが。けれど、要求はまだ曖昧だ。なぜかというと、ウェインのセンスに依存していて、もっと客観的に定義できる基準を使っていない。だから、この要求は、こうするといちばんよいだろう。

> このサイトの見た目は、企業ブランドガイドライン文書と一致する。

　「センスのよさ」という概念は、要求からすっかり姿を消した。代わりに、制定されたガイドラインをはっきりと言及している。ブランドガイドラインを十分センスのよいものにするために、マーケティング部の部長は郵便局員のウェインに相談するかもしれないし、10 代の娘に意見を聞いてみるかもしれないし、ユーザーリサーチで得られた結果を参考にするかもしれない。何を参考にするかは部長次第だが、要求が満たされたかどうか、これではっ

きりできる。

　また、量的な用語で要求を定義すると、主観性を排除することもできる。成功測定基準があれば戦略目標を定量化できるように、要求を量的な言葉で定義することによって要求を満たすことができたかどうか判断しやすくなる。たとえば、システムが「ハイレベルのパフォーマンスを有する」ことを要求する代わりに、「システムが最低 1000 人のユーザーを同時に処理することができる」ように設計することを要求する。そうすれば、最終製品でユーザー数の欄が 3 桁しかなければ、要求は満たされなかったことがわかる。

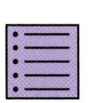

コンテンツ要求

コンテンツについて話すとき、たいていはテキストを指している。しかし、画像や音声、ビデオもコンテンツの一種だということも忘れてはいけない。これらの異なる種類のコンテンツを組み合わせて、ひとつの要求を満たすこともできる。たとえば、スポーツイベントをカバーした特集は写真とビデオクリップと一緒の記事にしてもよいだろう。与えられた機能性に関わるコンテンツの種類をすべて認識すると、コンテンツを作成するのに、どのリソースが必要になるか（または、そのコンテンツを作成するかどうか）、決定しやすくなる。

コンテンツの**フォーマット**と、コンテンツの**目的**とを混同しないように。コンテンツ要求についてステークホルダーと論じているときに、まず耳にすることが「サイトには FAQ がなければ」ということだ。でも、「FAQ」という言葉が指しているのは、質問と答えが並んだものであって、コンテンツのフォーマットにすぎない。FAQ の本当の価値は、「人々が共通して必要としている情報に、すぐアクセスできるようにすること」だ。この目的は、他のコンテンツ要求でも達成することができる。しかし、フォーマットにこだわってしまうと、えてして目的自体は忘れられてしまう。FAQ の「Frequently（頻繁に）」という部分が無視されることが非常に多く、コンテンツの提供者が「FAQ にはこんな項目があればよいだろう」と考える質問ばかりで埋め尽くされてしまうのだ。

コンテンツの機能性のサイズがどのぐらいと予期されるかは、あなたが下すユーザーエクスペリエンスでの決断に多大な影響をもたらす。コンテンツ要求は、各機能性のサイズについて大まかな見積もりを提供するべきだ。たとえば、テキストの機能性であればワード数、イメージであればピクセル数、PDF ファイルやオーディオファイル、ビデオファイルなどのような、ダウンロード可能の単独コンテンツ要素であれば、ファイルサイズを出すべきだ。これらのサイズ見積もりは正確でなくてもよい。おおよそのサイズがわかれ

ば十分だ。そのコンテンツを中心に、適切なサイトを設計するために必要不可欠な情報を集めればよいだけだ。小さなサムネール画像にアクセスさせるサイトの設計と、フルスクリーンの写真にアクセスさせるサイトの設計は異なるものだ。あらかじめ、対処しなければいけないコンテンツ要素のサイズを知っておくと、賢い、確かな情報による決断を下していくことができる。

各コンテンツの責任者が誰なのか、できるだけ早く確認することも重要だ。いったん戦略目標に対して認可されると、どんなコンテンツの機能性も非常に素晴らしいアイデアのように聞こえるものだ――そのコンテンツを作成し、メンテナンスを行うのが他の誰かの責任である限りは。求められる各コンテンツの機能性の責任者を知らないまま、開発プロセスの深みにはまりすぎると、結局サイトに大穴を開けてしまうことになる。なぜなら、こうした機能性は、仮定の段階ではみんなが好むが、実際に誰かが引き受けるには作業がきつすぎると判明するからだ。

そして、要求の策定中に人々が忘れがちなことがある。コンテンツのメンテナンスはハードワークであるということだ。最初のサイト公開に間に合うようにコンテンツを作成するために、請け負いでリソースを賄うこともできるかもしれない（または、よくありそうなこととして、マーケティングの誰かに担当させるとか）。しかし、更新は誰がするのか？　コンテンツ――効果的なコンテンツ――は、定期的なメンテナンスが必要だ。コンテンツをポストして忘れてしまうようなアプローチでは、やがてそのサイトはどんどん貧弱化し、ユーザーニーズを十分に満たせなくなってしまうだろう。

そのため、どんなコンテンツについても、「どれくらいの頻度で更新されるか」を見極めておかなければいけない。更新の頻度はサイトの戦略目標から導き出せばよい。サイトの目的を基に考えると、どれくらいの頻度でユーザーに戻ってきてほしいのか？　ユーザーのニーズに基づいて考えると、どれくらいの頻度でユーザーは情報を更新してほしいのか？　しかし、ユーザーに

とって理想の更新頻度（「すべてのことをすぐに、1日24時間知りたい!」）はあなたの組織にとっては非現実的かもしれない。ユーザーの期待と、利用可能なリソースとの間で無理のない妥協点を見つけ、更新頻度を決めていく必要があるだろう。

多様な閲覧者に対応しなければいけないサイトの場合、「このコンテンツは、どんな閲覧者に向けられたものか」を識別しておくと役に立つ。とくに、人々の持つニーズが異なっている場合、コンテンツのある部分がどの閲覧者に向けられるのか知っておくと、コンテンツの見せ方を決める際に、よりよい決断を下すことができる。子供向けの情報は、親向けの情報とは違ったアプローチが必要になる。親子両方に向けた情報なら、また別の扱いが必要だ。

大量の既存コンテンツを使ったプロジェクト（イチからコンテンツを作り上げていくのではなく）では、コンテンツに関する情報のほとんどを**コンテンツリスト**（content inventory）に記録する。既存のサイトにあるコンテンツのすべてのリストを作るなんて、退屈なプロセスだと思われるかもしれない。たいていその通りで単調なプロセスが続く。しかし、リスト（通常、スプレッドシートは非常に大きいが、形式はごく単純）を持っておくことは大切だ。その理由は、具体的な要求が必要である理由と同じだ。それは、チーム全員が正確に「ユーザーエクスペリエンスを作り上げるために、何の作業が必要か」を把握するためである。

優先順位をつける

考えられる要求に対して、人々が持っている重要なアイデアを集めることは、それほど難しいことではない。定期的に製品に触れている人なら、組織内部の人でも外部の人でも、ほぼすべての人が、追加できるアイデアを少なくともひとつは持っているものだ。厄介なのは、プロジェクトの要件から考えて、どの機能性を含めるべきか取捨選択することだ。

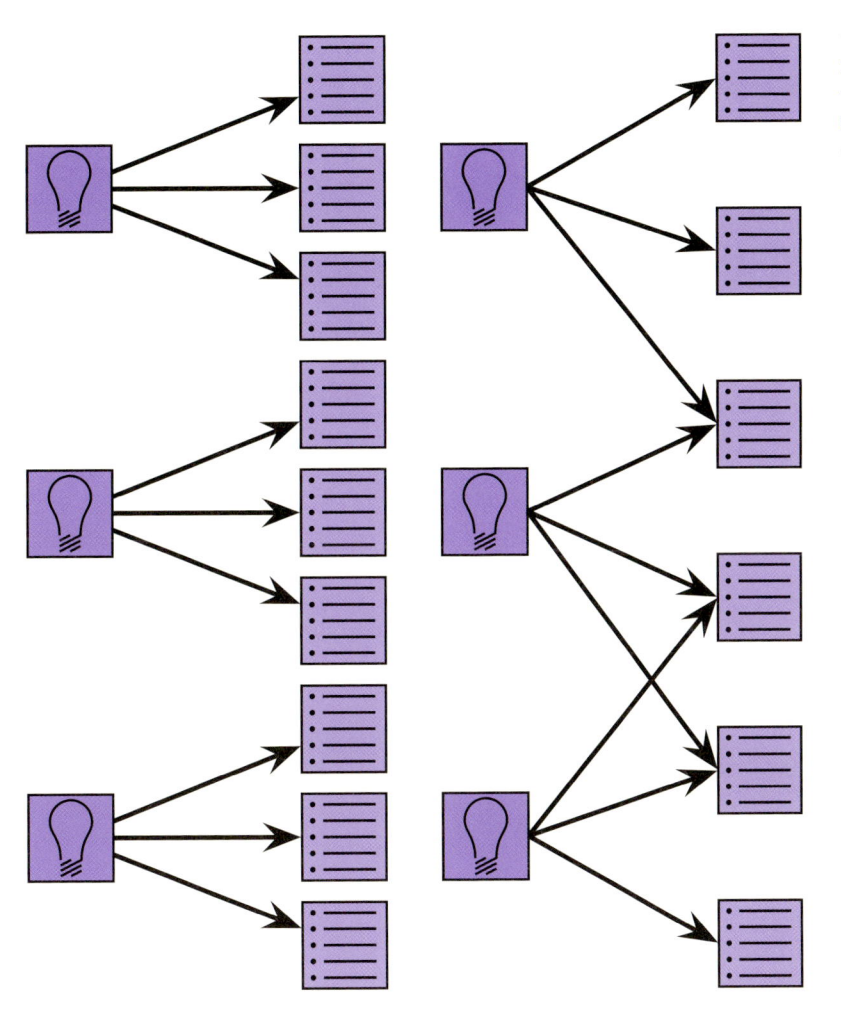

◀ひとつの戦略目標が複数の要求となることもある(左)。他の場合では、ひとつの要求が複数の戦略目標に対して役立つこともある(右)。

実際、戦略目標と要求との関係が、単純な「1対1」である場合はかなり珍しい。ひとつの要求が複数の戦略目標に対して適用されることもある。同様に、ひとつの目標が5、6個の異なる要求に関わることもある。

要件は戦略の上に成り立っているため、戦略目標（サイトの目的と、ユーザーニーズの両面）を満たすかどうかに基づいて、可能な要求を評価する必要がある。これら2つを考慮するのに加えて、要件を定義することで3つ目の考慮すべき点が加えられる。「実際に作成するのが、実現可能（フィージブル）かどうか」だ。

技術的に不可能なので、導入できない機能性もある。たとえば、ウェブを通じてユーザーに製品の香りをかがせることはまだ不可能だ。どんなにその機能を熱望する人々がいても。他の機能性では（とくにコンテンツの場合）、実際に使えるリソースよりも多くのリソース（人であれ、資金であれ）を必要とするために、導入が不可能な場合もある。別の場合では、時間の問題ということもある。その機能性は導入までに3ヶ月かかるが、「2ヶ月で開始すること」との上層部の要求を受けている場合などだ。

時間の制約の場合なら、機能性を先のリリースに伸ばしたり、今後のプロジェクトのマイルストーンとすることもできる。リソースの制約の場合、技術的変化、あるいは組織的変化がリソースの重荷を減らしてくれて、場合によっては（常にそうとは限らないが）導入が可能になることもある（とはいえ、無理なものは無理だ。申し訳ないが）。

孤立して存在する機能性はほとんどない。ウェブサイトのコンテンツの機能性でさえ、その周囲にある機能性に支えられていて、ユーザーに「このコンテンツを使うベストな方法」を伝えてもらったりしているのだ。多くの機能性が同時に機能するということは、必然的に、機能性同士の対立へとつながる。全体として一貫性を保つためには、他の機能性との妥協が必要になる場合もある。

たとえば、ユーザーの中には「ワンステップの注文送信プロセスがよい」という人がいる——しかし、サイトが使う過去の遺物のようなデータベースは複雑極まりなくて、とても一度にすべての情報を提供するなどムリ、という場合だ。では、ステップをいくつかに分けたプロセスにしたほうがよいだろうか、それともデータベースシステムを作り直したほうがよいだろうか？どちらを選ぶべきかは、戦略目標次第だ。

　機能性の提案にも十分注意を払ってほしい。これはビジョン記述書の策定中には現れなかった戦略のシフトを示唆している。定義上は、プロジェクト戦略に一致しないような機能性の提案は、どれも要件外だ。しかし、たとえ提案された機能性が要件外で、前述の制約にまったく一致しないにもかかわらず、よいアイデアに思えるようなら、戦略目標を再検討することが必要かもしれない。つまり、戦略に立ち返るということは、あなたが要求の収集に取り掛かるのを急ぎすぎていたということなのだ。

　戦略目標の優先度に明確な上下関係があることが、戦略記述書やビジョン記述書に記されているだろうか。もしはっきり記されているのなら、提案された機能性の相対的な優先度を決める際の主要な根拠として、戦略目標の優先順位を使うべきだ。しかし、2つの異なる戦略目標で相対的にどちらが重要かはっきりしない場合もある。そうした場合、機能性がプロジェクト要件として最後まで残るかどうかは、企業政治の問題になることがかなり多い。

　ステークホルダー（利害関係者）が戦略に関して話すとき、たいてい機能性のアイデアを先に話し始めて、その後に根底にある戦略要素へと話を戻す。ステークホルダーにとっては機能性と戦略とを切り離して考えるのが困難なので、要求プロセスでは特定の機能性が支持されていることだろう。このようにして、「要求を集めるプロセス」は「意欲あふれるステークホルダー間の交渉」になっていくのだ。

この交渉プロセスを管理するのは、難しい可能性もある。ステークホルダーとの対立を解決するベストアプローチは、定義した戦略をアピールすることだ。戦略目標を達成するために、提案された手段ではなく、戦略目標に注目するのだ。ステークホルダーが「必ず取り組みたい」としている特定の機能性に対して、「その機能性が満たそうとしている戦略目標は、他の方法で取り組むことができる」と保証しよう。そうすれば、ステークホルダーは「自分の意見が無視された」とは感じないだろう。正直なところこれは、言うは易し、行うは難し、な場合が多い。対立の解消には、ステークホルダーのニーズに対して共感を示すことが欠かせない。「技術者には対人交渉術はいらない」なんて、誰が言ったのだろう？

書籍の紹介

Wiegers,Karl E. Software Requirements. Microsoft Press, 1999 年
邦訳:『ソフトウェア要求』
カール・E・ウィーガー（原著）、渡部洋子（翻訳）、日経 BP 社、2003 年

Robertson, Suzanne and James Robertson. Mastering the Requirements Process. Addison Wesley, 1999 年
邦訳:『要件プロセス完全修得法』
スザンヌ・ロバートソン、ジェームズ・ロバートソン（原著）、苅部英司（翻訳）、三元社、2002 年

Web リソース :www.jjg.net/elements/resources/

THE STRUCTURE PLANE

CHAPTER 5
構造段階

INTERACTION DESIGN AND
INFORMATION ARCHITECTURE
インタラクションデザインと情報アーキテクチャ

収集した要求の優先順位を決めると、最終製品に何が含まれるのか、はっきりと想像できるようになる。しかし、要求では、かけらが集まってひとつの全体をなすのに、どのようにかけらを組み合わせるかを表すことはできない。そこで、ここで要件から次のレベルへと進み、サイトの概念的な構造を構築していこう。

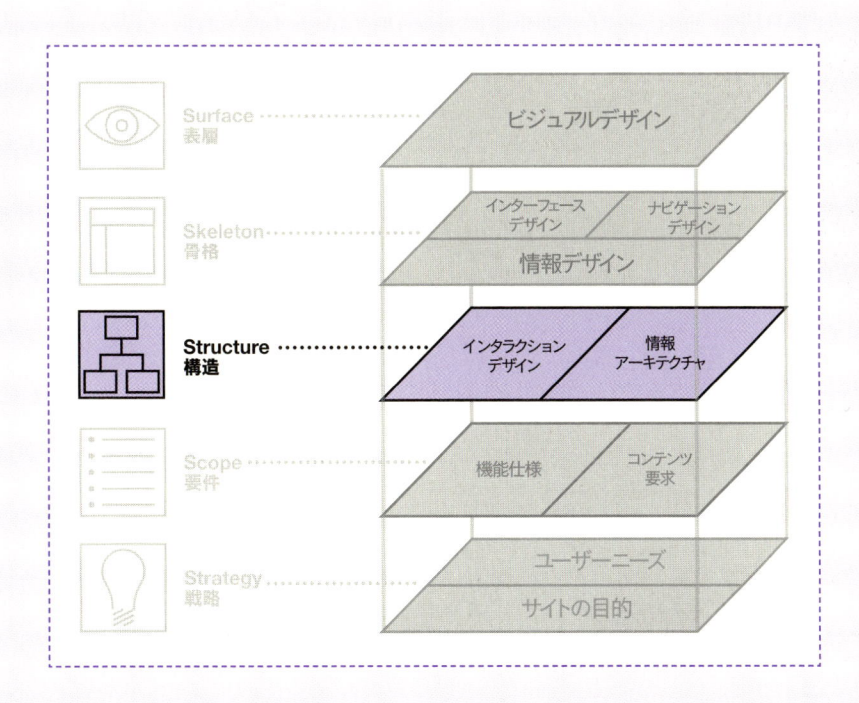

構造を定義する

構造の領域は5つの段階のうち3番目にあたる。ここで、戦略や要件といった抽象的な問題から、具体的な要素へと論点は移行し、最終的にユーザーがどんな体験（エクスペリエンス）をするのかが決められる。しかし、抽象的と具体的の境界線はときにぼやける場合がある —— ここでの決断は、最終サイトに対し、はっきり目に見える影響を及ぼすが、その決断自体は、依然、概念的な問題に大きく関わるのだ。

従来のソフトウェア開発では、ユーザーに対して構造化されたエクスペリエンスを作成する分野は**インタラクションデザイン**として知られている。インタラクションデザインは、「インターフェースデザイン」と一緒くたに扱われていたが、近年（ウェブアプリケーションの出現と、実践者の熱意ある伝道活動によるところもあって）、インタラクションデザインはそれ自体ひとつの分野として確立されるようになってきた。

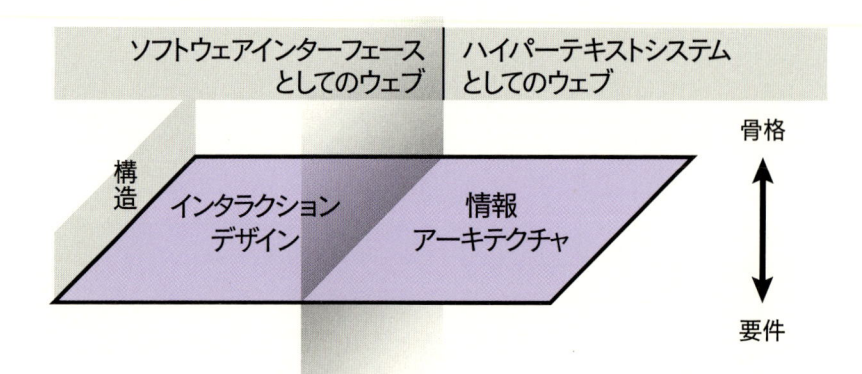

ソフトウェアインターフェース | ハイパーテキストシステム
としてのウェブ | としてのウェブ

構造

インタラクションデザイン　情報アーキテクチャ

骨格 ↕ 要件

Chapter 5　構造段階

コンテンツ開発では、ユーザーエクスペリエンスを構造化していくことは**情報アーキテクチャ**の問題だ。この分野では、コンテンツの組織化やグループ分け、順番づけ、表現にこれまで関係してきた数々の学問分野を利用している。他にも、図書館学、ジャーナリズム、テクニカルコミュニケーションなどが挙げられる。

インタラクションデザインと情報アーキテクチャは、両方とも、ユーザーに項目選択が提示されるパターンや順番を定義することを重要視している。インタラクションデザインでは、タスクの実行と遂行が関わる項目選択を重要視する。情報アーキテクチャはユーザーへの情報伝達に関わる項目選択を扱っている。

「インタラクションデザイン」「情報アーキテクチャ」なんていうと、非常に技術的な領域のようで、やけに難解そうだと思われるかもしれない。しかし、この学問分野は実はそれほど技術的ではない。どちらも**人々の作業の仕方や考え方を理解すること**に関する分野なのだ。この理解を製品の構造に組み込むことにより、製品を使う人々のエクスペリエンスを成功に導く助けとなる。

インタラクションデザイン

インタラクションデザインは、「ユーザーの振舞いにどんなものが考えられるのか、そしてシステムがその振舞いを受け取り、どう反応するのか」を示すことに関係する。人がコンピュータを使うとき、ユーザーと機械がある種のダンスをしているような状況になる。ユーザーが周りを動き、システムがそれに応える。ユーザーはシステムに応じて動き、そしてダンスは続くというもの。しかし通常のソフトウェア設計方法では、このダンスはあまり考慮されていない。すべてのアプリケーションが、それぞれちょっとずつ違うダンスをしているのだから、ユーザーが適応できないのも不思議はないとい

う意見のようだ。システムはやることをやるし、ちょっとつま先を踏んでしまったとしても、それもまあ、学習プロセスの一部ということだ。でも、すべてのダンサーが言うことは同じ。「ダンスを本当に上手に踊るには、お互いに相手の動きを予測しなければならない」。

　プログラマーは従来、ソフトウェアにおける2つの面にもっとも注目し、大切にした。ソフトウェアが何を行うかと、どうやって行うかだ。これにはもっともな理由がある。これらの細部に対する情熱があってこそ、プログラマーとしての仕事がうまくできるのだから。しかし、このような関心が意味するのは、プログラマーは技術的にもっとも効率のよい方法でシステムの構築に踏み切ってしまう可能性がある、ということだ——ユーザーにとって最善の方法を考慮せずに。とくに、演算能力に限界があったころを顧みると、最善のアプローチは、システムの限界内で仕事を完了させるということだった。

　コンピュータにとってベストのアプローチと、それを使わねばならない人間にとってベストのアプローチは、決して一致しない。かくして、コンピュータソフトウェアは「複雑で、まぎらわしくて、使いにくい」という評判にずっとつきまとわれてきたのである。ほんの10年前までは、ユーザーとソフトウェアがうまくやっていける方法は「コンピュータリテラシー（人々にコンピュータ内部の仕組みを教えること）」しかない、と広く考えられていた。

　コンピュータの演算能力がアップし、僕たちも「どのように人々がコンピュータを使うか」がよくわかるようになるにつれ、長い時間がかかったけれども、ようやく大事な考えに気がついてきた。「機械にとってベストの方法ではなく、機械を使う人にとってベストな方法でソフトウェアを設計する」という考えだ。そうすれば、文書整理係をプログラミング講習に派遣してコンピュータリテラシーを向上させる、なんて必要がなくなる。ソフトウェア開発者を助けるべく浮上した、この新しい分野が、インタラクションデザインと呼ばれている。

概念モデル

　自分たちが作成したインタラクティブコンポーネントの振舞い方に対して、ユーザーが抱いた印象のことを、**概念モデル**（Conceptual models）という。たとえば、コンテンツ要素なのか、ユーザーが訪れる場所なのか、それともユーザーが手に入れるオブジェクトなのか？サイトが違えば、アプローチも違う。あなたの概念モデルを知れば、デザイン上の決断に一貫性を持たせることができる。コンテンツ要素は場所でもオブジェクトでも、そんなことは重要ではない。重要なのは、サイトが一貫性を持って振舞うことだ。要素をあるときは場所として扱うが、またあるときはオブジェクトとして扱う、ということではいけない。

　たとえば、eコマースサイトによく見られる「ショッピングカート」コンポーネント。これに対する概念モデルは、コンテナの概念モデルだ。この比喩的な概念は、コンポーネントのデザインにも、インターフェースで用いる言葉にも影響する。コンテナはオブジェクトを入れるものだ。だから、僕たちは「カート」を使って「物を入れる」「物を取り出す」。システムは、これらのタスクを達成するための機能を提供しなければならない。

　コンポーネントの概念モデルが、現実世界の別なものに似ているとする。たとえば、カタログオーダーフォームのようなものとしよう。従来のカートの場合は、「追加する」「取り出す」機能だったが、オーダーフォームの場合は代わりに「編集する」機能になるかもしれない。購入プロセスを完了するための「会計」というメタファーを使う代わりに、「送信」で発注するかもしれない。

　小売店モデルも、カタログモデルも、ユーザーがウェブ上で注文するには最適のように思われる。では、どちらを選べばよいのだろう？小売店モデルはウェブ上で広く使われているので、**慣習**と化している。あなたのユーザーがネットショッピングを何度もしているのなら、この慣習に従ったほうがよ

いだろう。人々がすでになじんでいる概念モデルが使われていれば、初めてのサイトでもユーザーが適応しやすくなる。もちろん、慣例を打ち破ることもまったく問題ない——ただし、そうするだけの理由があり、代わりに使う概念モデルがユーザーのニーズをきちんと満たすものであるのなら、だが。

概念モデルは、システム内のいちコンポーネントを指す場合もあるし、システム全体を指す場合もある。ニュース＆評論サイトの Slate が始まったとき、その概念モデルは実際の雑誌だった。サイトには表紙と裏表紙があり、すべてのページにページ番号が振られ、インターフェース要素の「ページをめくる」でユーザーは先に進むのだった。結局のところ、この概念モデルはウェブではあまりうまくいかず、Slate は雑誌の概念モデルをとうとうやめてしまった。

概念モデルをユーザーにはっきり伝える必要はない。実際、伝えてしまうとユーザーの助けになるどころか混乱させるだけ、ということもある。概念モデルは、インタラクションデザインの開発全体で一貫して使用することがより重要なのだ。ユーザー自身がサイトに持ち込むモデル（小売店のように機能するのか？カタログのように機能するのか？）を理解すると、いちばん効果的な概念モデルを選びやすくなる。自分たちが使う概念モデルをユーザーに説明しなくてもすめば、理想的だ。サイトを使うとき、「こうなるはず」というユーザーの予想とサイトの振舞いが一致していれば、ユーザーは直感的に概念モデルを理解できるのだから。

現実世界での似たものを使ったメタファーに基づいて概念モデルを作り、それをシステムに適用することは確かに価値はある。しかし、メタファーをあまり文字通りとらないようにすることが大切だ。かつて Southwest 航空のサイトのホームページでは、カスタマーサービスデスクの光景が用いられていた。一方にはチラシの束があり、もう一方には電話があるといったものだ。このサイトは、長年「あまりにやりすぎの概念モデル例」であった——

予約することは電話をかけることに類似しているかもしれないが、だからといって予約システムを電話で表現するべきだということにはならない。Southwest は悪例として使われるのに飽き飽きしたのだろう、現在のサイトはメタファーが控えられ、大幅に機能的になっている。

◀Southwest航空の昔のサイトは、概念モデルが現実世界の物事と緊密に対応させすぎた典型的な例。

◀デザイン変更後のSouthwest航空のサイト。コンテンツと機能性がより明確になった。

構造段階　　Chapter 5　　**105**

エラーハンドリング

　プロジェクトでは、かなりの部分が「ユーザーエラー」の対応に関わる。ユーザーエラーとは、人が間違いをしたときに、システムは何をするのか？そして第一に、間違いの発生を防ぐために、システムは何ができるのか？ということだ。

　エラーに対する第一かつ最善の防護策は、エラーが起こりえないようにシステムを設計することだ。このタイプの防護策でよい例が、オートマチック・トランスミッション（自動変速装置）を備えた車だ。変速中に車を始動すると、繊細で複雑な変速メカニズムにダメージを与えてしまう。さらに、車は始動するのではなく、突然前方へと飛び出してしまうのだ。車にも悪いし、運転手にも悪いし、たまたま飛び出した車の前を歩いていた罪のない第三者にも悪い。

　これを避けるために、オートマチック・トランスミッションのある車は、変速が切り替わっていなければ、スターターがかからないように設計されている。変速中に車をスタートさせることが不可能であれば、エラーは起こりようがない。しかし残念ながら、ユーザーエラーの大半は、この場合のようにはなかなか簡単にいかない。

　エラーを起こり得なくする上で、次によい方法は、エラーの発生をできる限り起こりにくくすることだ。しかし、そうした手段を講じても、いくつかエラーはどうしても起こってしまう。この段階では、システムはユーザーがエラーを理解し修正できるよう、対応するべきだ。それ以外の場合では、ユーザーの代わりにシステム自身がエラーを修正できることもある。しかし、注意しなければならないことがある。ソフトウェア製品を使っていて、もっともイライラする振舞いは、「ユーザーのエラーを修正したい」という思いから発生しているのだ（Microsoft Wordを使ったことがある人なら、僕が何を言いたいかわかるだろう。Wordには、ありがちなエラーを修正する機能が山ほどある。僕はいつもその機能をオフにしている。そうしないと、修正を修正する作業ばかりで仕事にならない）。

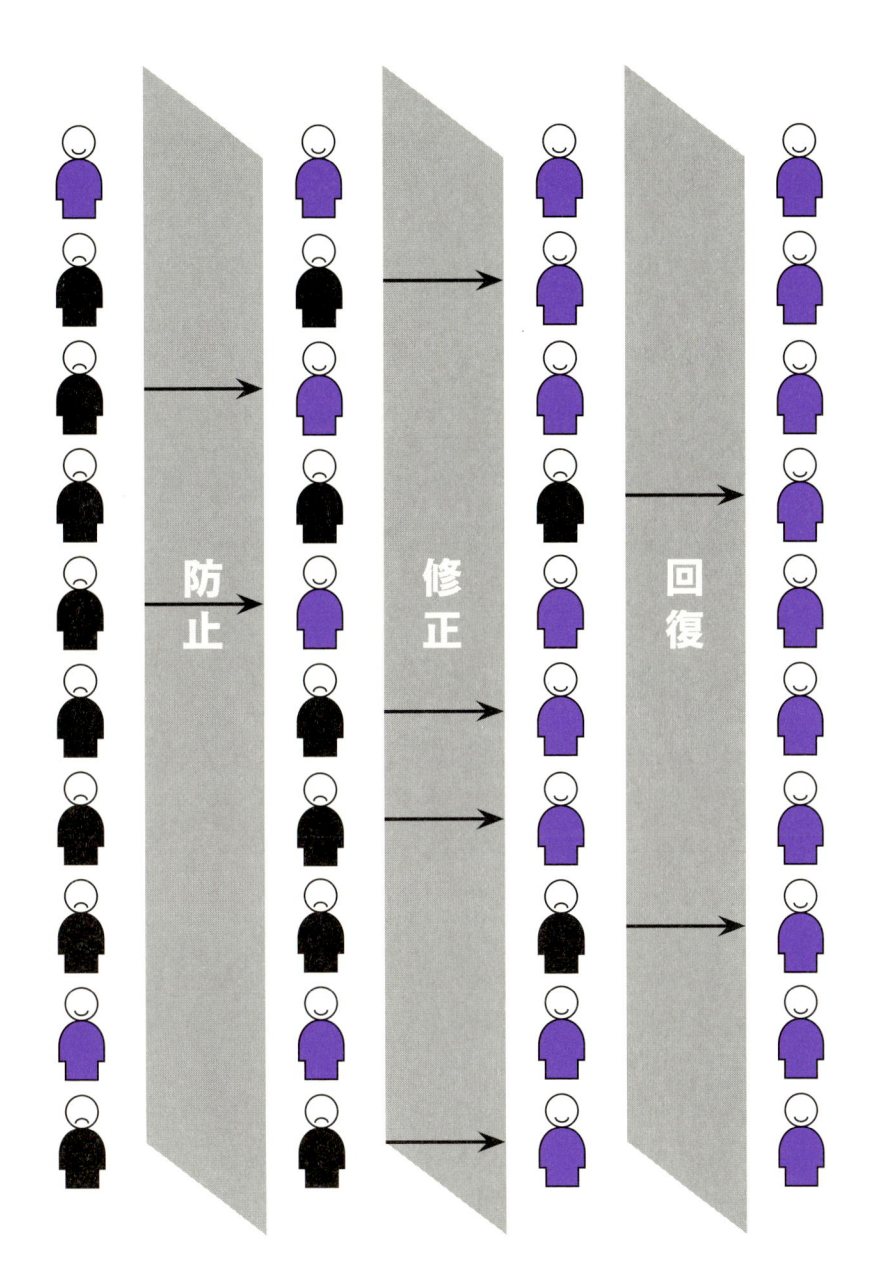

◀インタラクションデザインのエラーハンドリングにおける各レイヤー。これにより、かなりの割合のユーザーがポジティブなエクスペリエンスを得られる。

防止　修正　回復

役立つエラーメッセージやうまく設計されたインターフェースがあれば、さまざまなエラーが起こった後でも、ユーザーが察知する手助けになる。でも、ユーザーのアクションの中には、システム自体がエラーを察知するのが手遅れになるまで、エラーとはわからないものもある。こういった場合、システムはユーザーがエラーから回復できるような方法を提供すべきだ。この方法でいちばんよく知られている例が、有名な「アンドゥ（取り消し）」機能だ。しかし、エラーの回復にはさまざまな形式がある。回復が不可能なエラーに対して、システムができるのはたくさんの警告を発することだけだ。もちろん、この警告はユーザーが実際に気がついてこそ有効となる。そのため、「よろしいですか？」と繰り返し尋ねるダイアログボックスが役立つとしても、それはユーザーにとって鬱陶しいものとなる。

情報アーキテクチャ

情報アーキテクチャは、組織化スキームとナビゲーションスキームの制作に関するものだ。これらのスキームのおかげで、ユーザーがサイトコンテンツ内で効率よく、効果的に動けるようになる。情報アーキテクチャは、情報検索の概念と密接な関係を持っている。「ユーザーが情報を簡単に見つけられるようにするシステムのデザイン」という概念だ。しかし、ウェブサイトアーキテクチャは、単に人々が物を見つける手助け以上のことが求められる。多くの場合、ユーザーを教育し、情報を与え、説得しなければいけない。

情報アーキテクチャの問題では、カテゴリースキームを作成することが求められるのがもっとも一般的だ。カテゴリースキームは、自分たち自身のサイト目的に合致し、自分たちが満たそうとしているユーザーニーズにも一致し、サイトに盛り込むコンテンツにも一致する。こうしたカテゴリースキームの作成には、2つの取り組み方がある。すなわち、トップダウン型と、ボトムアップ型だ。

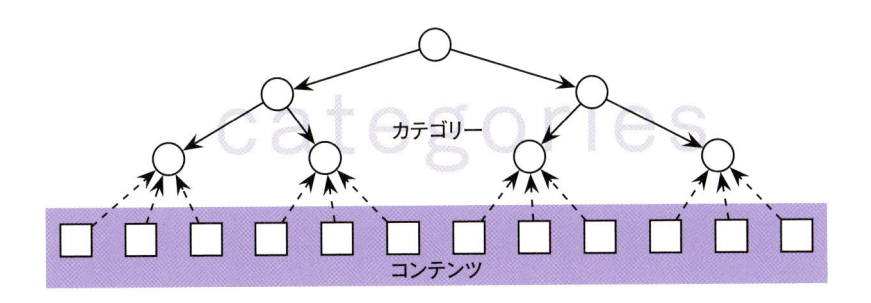

◀トップダウンアーキテクチャ・アプローチの概念図。

　情報アーキテクチャに対する**トップダウンアプローチ**では、サイト目的とユーザーニーズの理解から、直接アーキテクチャを形成していく。戦略目標を達成するために必要と考えられるもっとも幅広いコンテンツと機能性のカテゴリーから始めて、その後カテゴリーを論理的なサブセクションに細分化する。このカテゴリーとサブカテゴリーの階層性は、コンテンツと機能性を組み入れる空っぽのシェル（入れ物）として機能する。

　情報アーキテクチャに対する**ボトムアップアプローチ**もまた、カテゴリーとサブカテゴリーを生み出すが、これらはコンテンツおよび機能性の要求分析に基づいてできるものだ。既存のソースマテリアル（または、サイトの運営開始時までに用意されるもの）で始めて、項目を集め、低レベルのカテゴリーにする。それからさらにグループ分けし、高レベルのカテゴリーにする。そしてサイトの目的とユーザーニーズとを反映した構造に向かって構築していく。

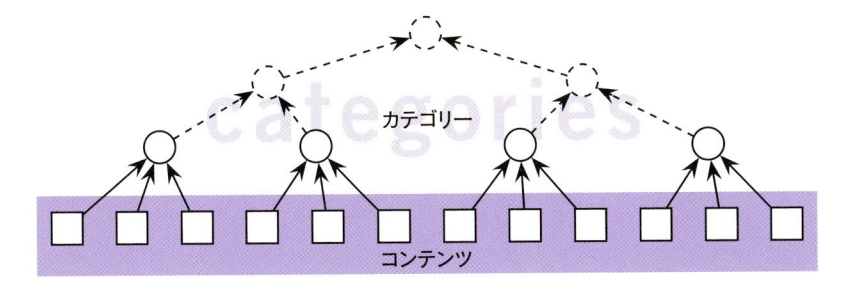

◀ボトムアップアーキテクチャ・アプローチの概念図。

どちらのアプローチにも優劣はない。トップダウンからアーキテクチャにアプローチすると、ときにコンテンツそのものの重要な細部が見落とされてしまうこともある。一方、ボトムアップアプローチは、あまりにも調整・装備が既存のコンテンツ向けにきっちりとなされているために、変更や追加に対して柔軟な調整がきかないこともある。トップダウンの考え方と、ボトムアップの考え方のバランスをうまくとってこそ、最終製品ではこういった落とし穴を避けることができるのだ。

ウェブサイトは生きものだ。絶えず面倒を見て、えさを与えてあげなければいけない。必然的にウェブサイトは成長し、時がたつにつれ変化していく。たいていの場合、新しい要求が2、3個追加されたからといって、サイトの構造全体を考え直すべきではない。効果的な構造の特徴のひとつは、成長と変化への適応を組み込んでいけることなのだ。しかし、新しいコンテンツが蓄積していけば、最終的にはサイトに適用されている組織化原則を再検討しなければならなくなる。たとえば、ユーザーがプレスリリースを日ごとに見ていけるようなアーキテクチャを考えてみよう。ほんの数ヶ月分しかプレスリリースがないなら、これでもよいだろう。しかし、数年後にはトピック別に組織化するほうが、より現実的と考えられる。

アーキテクチャにおいては、カテゴリー数を一定にすることに固執する必要はない。どんなレベルの、どんなセクションでもそうだ。カテゴリーは、ユーザーとユーザーのニーズに対してちょうどよければよいだけ。サイト構造のクオリティの評価ポイントとして、「ユーザーがあるタスクを達成するために必要なステップの数、あるいはある目標地点に達するまでに必要なクリック数」を数えたがる人もいる。しかし、もっとも重要な評価ポイントは「プロセスにいくつステップがあるか」ではない。各ステップをユーザーがきちんと理解できるか、前のステップから次のステップへと自然に流れていけるかが重要なのだ。内容をぎゅうぎゅうに詰め込んだ、ややこしい3ステップのプロセスよりも、ユーザーははっきりと定義された7ステップのプロセ

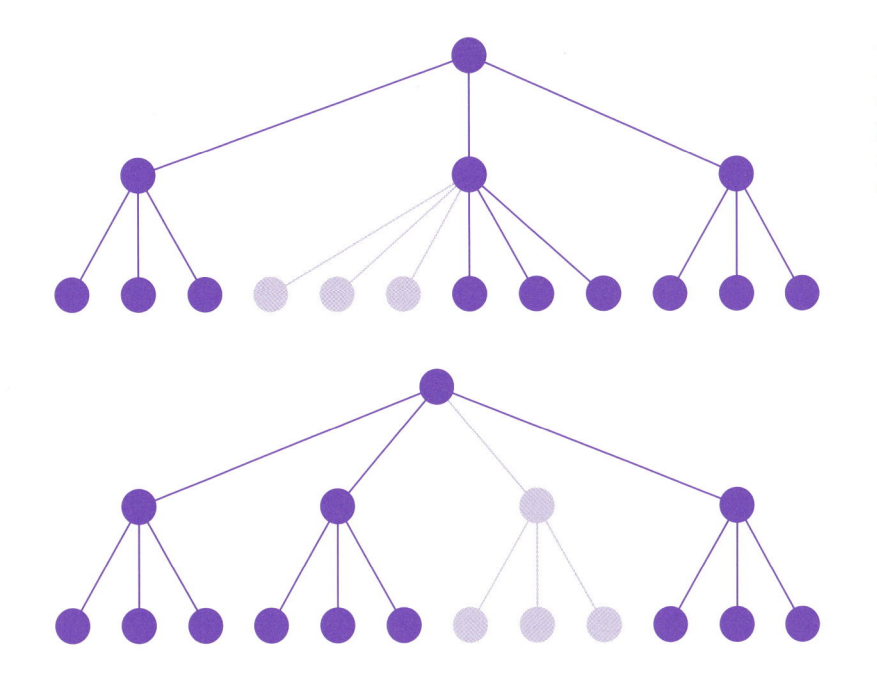

◀アーキテクチャに柔軟性があると、セクション内に新規コンテンツを追加することができる（上図）。また、まったく新しいセクション自体を追加することもできる（下図）。

スを間違いなく好むことだろう。

　サイトの構造も含め、ユーザーエクスペリエンス全体は、自分の目的に対する理解とユーザーのニーズに対する理解を基礎としている。サイトの達成目的が再定義されたり、サイトが満たすべきユーザーニーズが変化したら、その変更に従ってサイト構造を検討し直す準備をするように。といっても、構造的な変更があらかじめ知らされるケースはほとんどない。「アーキテクチャをやり直さなければ」とあなたが気づくころには、ユーザーはもうひどい目にあっていることだろう。

アーキテクチャ的アプローチ

　情報構造の基本単位は**ノード**（node）だ。ノードはどんな情報のかけらにも、情報のグループにも反応することができる。ひとつの数字のように小さなこともあるし（商品の価格など）、図書館全体ほどに大きなこともある。ペー

ジやドキュメント、要素というよりもノードで対処することにより、僕たちは幅広い多様な問題に対して、言語も構造的な概念も、共通したものを適用できる。

ノードを抽出すると、どのくらい細かいレベルまでに自分たちが携わるのかをはっきりさせることができる。ウェブサイトアーキテクチャのプロジェクトのほとんどは、サイト上のページの配置だけに携わっている。ページを最小単位のノードとして考えると、「それ以上小さなものには対処しない」ということをはっきりさせられる。もしページそのものが目先のプロジェクトにとっては小さすぎるのなら、サイト全体のセクションとして各ノードを位置づけてもよい。

これらのノードはさまざまな方法でアレンジできるが、構造を分類してみると、ほんの数種類に大別できる。

階層型構造——**ツリー構造**、**ハブ＆スポーク構造**と呼ばれることもある——では、関係するノード同士が親／子関係を持っている。親のノードはより広いカテゴリーを表しており、その下にある子のノードは、親カテゴリー内のより狭いカテゴリーを表す。すべてのノードに子があるわけではないが、親はすべてのノードに存在し、上へとたどっていくと、構造全体の親ノードにたどりつく（または、「ルート（根）」と「ツリー（木）」という言葉を使ってもよい）。階層的関係の概念はユーザーがよく理解しているし、コンピュータ自体、階層的に機能する傾向があるので、このタイプの構造は非常に一般的だ。

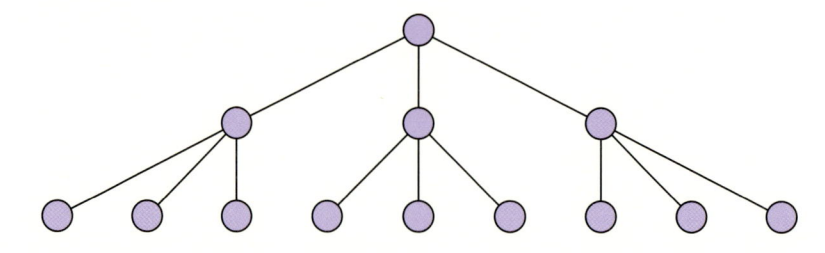

▶階層型構造

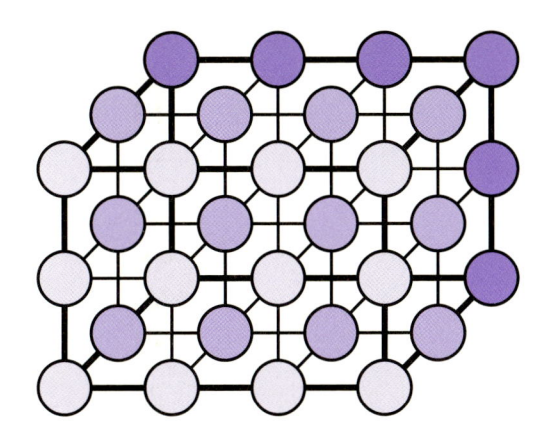

◀マトリクス構造

マトリクス構造では、ユーザーはノードからノードへ２つ以上の「次元」にそって動くことができる。マトリクス構造が便利な点は、異なるニーズを持ったユーザーが同じコンテンツをナビゲートできるようにする点だ。なぜかというと、各ユーザーニーズはマトリクスのひとつの「軸」に関係しているからだ。たとえば、あるユーザーは「製品を色別にブラウズしたい」が、他のユーザーには「サイズごとにブラウズしたい」という場合、マトリクスは両方のグループに合わせることができるのだ。だが、主要ナビゲーションとしてユーザーに使ってもらおうと考えている場合は、４次元以上のマトリクスは問題を引き起こす可能性がある。４次元以上でビジュアル化された動きに対応できるほど、人間の脳はうまくできていないのだ。

有機構造では、パターンに一貫性がない。ノードはケースバイケースで相互接続している。構造には「セクション」という強い概念はない。有機構造は、トピック同士の関係がはっきりしない場合や、徐々に発展していく場合のトピックを探るのに適している。しかし、有機構造では、ユーザーは「自分が構造のどこにいるのか」をあまり感じとることができない。自由な探索を楽しんでもらいたいのなら（エンターテイメントサイトや教育サイトでこうしたものがある）、有機構造を選ぶのもよいだろう。しかし、ユーザーがもう一度同じコンテンツまで確実に戻る必要がある場合、有機構造は難関になってしまう。

構造段階　Chapter 5

▶有機構造

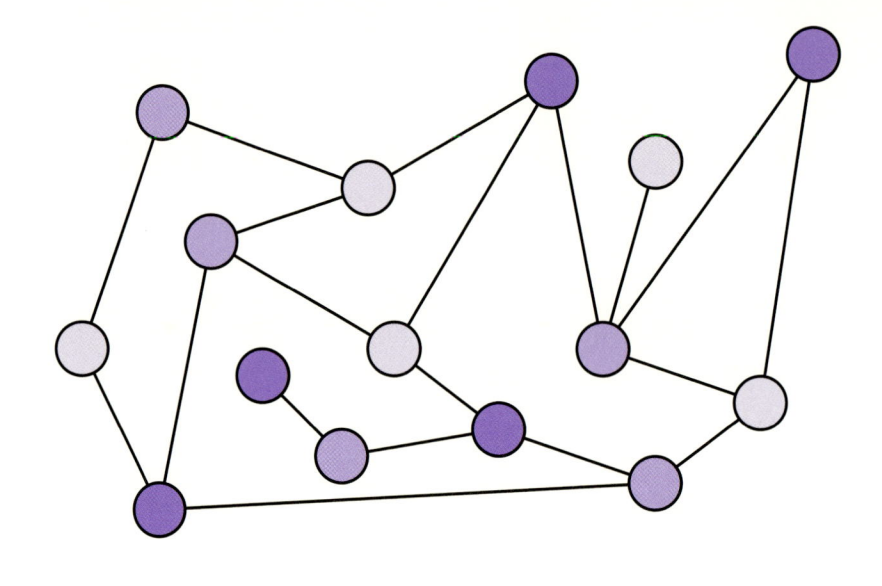

▶シーケンシャル構造

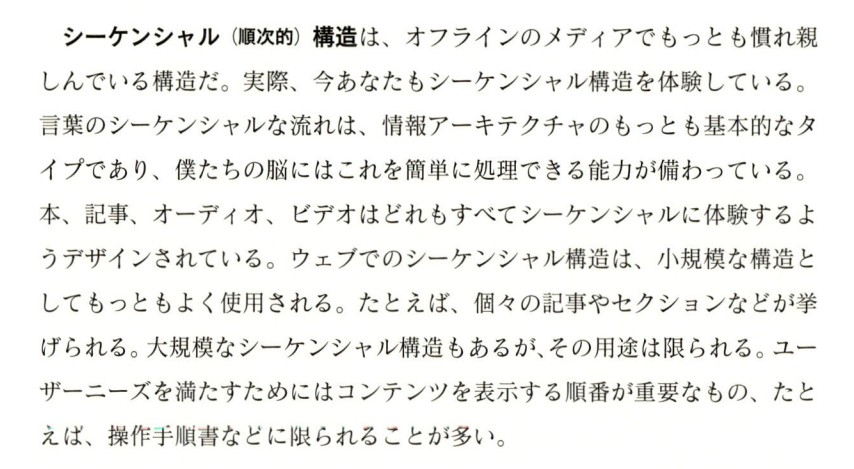

シーケンシャル（順次的）構造は、オフラインのメディアでもっとも慣れ親しんでいる構造だ。実際、今あなたもシーケンシャル構造を体験している。言葉のシーケンシャルな流れは、情報アーキテクチャのもっとも基本的なタイプであり、僕たちの脳にはこれを簡単に処理できる能力が備わっている。本、記事、オーディオ、ビデオはどれもすべてシーケンシャルに体験するようデザインされている。ウェブでのシーケンシャル構造は、小規模な構造としてもっともよく使用される。たとえば、個々の記事やセクションなどが挙げられる。大規模なシーケンシャル構造もあるが、その用途は限られる。ユーザーニーズを満たすためにはコンテンツを表示する順番が重要なもの、たとえば、操作手順書などに限られることが多い。

組織化原則

　情報構造内のノードは、**組織化原則**に従って調整される。もっとも基本的なレベルでは、組織化原則を元にした判断によって、どのノードを一緒にまとめるか、どれを単独のままにするかを、決定する。ひとつのサイトにおいても、レベルや分野が異なると異なる組織化原則が適用される。

　たとえば、企業情報サイトの例を考えてみよう。僕たちはツリー構造のトップ付近に「個人」、「法人」、「投資家」といったカテゴリーを置くかもしれない。このレベルでは、組織化原則はコンテンツが意図する閲覧者だ。別のサイトではトップレベルのカテゴリーに「北アメリカ」、「ヨーロッパ」、「アフリカ」などを置く場合もあるだろう。世界規模の閲覧者のユーザーのニーズを満たす上では、組織化原則として地理を使うのもひとつのアプローチである。

　一般的に、サイトの最上層レベルに用いる組織化原則は、サイトの目的およびユーザーニーズと密接に関わっている。アーキテクチャの最下層レベルでは、コンテンツ特有の問題や機能要求が使われるべき組織化原則に大きな影響を及ぼし始める。

　たとえば、ニュース系コンテンツのサイトでは、時系列が最重要な組織化原則となるだろう。ユーザーにとっては、即時性が最重要要素なのだ（結局、ユーザーは現在の出来事に関する情報を得るためにニュースサイトを見るのであって、過去のことを知りたいわけではない）。また、サイトの運営者にとっても即時性が最重要だ（競争力を維持するには、コンテンツの即時性を強調しなければならない）。

　アーキテクチャの次の段階レベルでは、よりコンテンツと密接に結びついた要素の出番だ。スポーツニュースのサイトでは、コンテンツは「野球」、「テニス」、「ホッケー」などのようなカテゴリーに分けられるかもしれない。もっと総合的なサイトでは、「国際ニュース」、「国内ニュース」、「地方ニュース」のようなカテゴリーになるかもしれない。

情報の集まりは、2項目で構成されていようと、200項目だろうと2000項目だろうと、特有の概念的構造を持つ。実際、一つ以上の概念的構造が存在するものだ。これは僕たちが解決しなければいけない問題の一部であるが、構造を作ることが難題なのではない。目的とユーザーニーズのために、**正しい構造を作成すること**が難題なのだ。

たとえば、サイトに自動車に関する膨大な情報が含まれているとする。組織化原則として考えうるもののひとつに、情報を車の重量別に並べることがある。そうするとユーザーがまず目にするのは、データベース内でもっとも重い車についての情報であり、その次は2番目に重い車、そして軽い車へと続いていく。

消費者が情報を得るためのサイトとしては、この情報の並べ方は間違っている。ほとんどの人は、たいていの場合、車の重さなど気にしない。情報を型やモデル、車のタイプで組織化するほうが、見る側にはより適しているだろう。その一方、もしサイトのユーザーが、毎日海外へ車を輸送するビジネスのプロであれば、重量は非常に重要な要素となる。これらの人々にとっては、燃費やエンジンタイプなど、気にもならないことだろう。

これらの属性は、図書館学の言葉で言うと、**ファセット**（facets: 分類の切り口）として知られている。ファセットは、ほとんどどんなコンテンツに対してもシンプルで柔軟な組織化原則を提供できる。しかし、前述の例にあるとおり、間違ったファセットを使ってしまうくらいなら、何も使わないほうがましだ。この問題に対する一般的な解答としては、考えられるすべてのファセットを組織化原則として配置し、あとはユーザーに重要と思われるものを選ばせる、というものが考えられる。

扱っているのが非常に単純な情報なら、ほんの2、3個のファセットで大丈夫な場合もあるだろう。しかし、残念ながらそうでない場合、このアプローチはアーキテクチャに手に負えないほどの大混乱をもたらしてしまう。並べ替えのオプションが多すぎて、ユーザーは何も見つけられなくなる。「ありとあらゆる属性を並べ替え、どれが重要かを選び出す」という重荷は、僕たちが背負うべきなのだ。ユーザーに背負わせてはいけない。戦略は僕たちにユーザーニーズは何かを告げてくれるし、要件はどの情報がユーザーニーズを満たすかを告げてくれる。構造を作成する際には、情報のどの面がユーザーの心の中でもっとも重要なのかを見分ける。成功といえるユーザーエクスペリエンスでは、ユーザーが何を期待するのかは、あらかじめ予想されているのだ。

言語とメタデータ

テーマとなっている問題に対してユーザーがどう考えるか、構造は完璧に表現できているとしよう。それでも、あなたの**命名法**をユーザーが理解できなければ、ユーザーはアーキテクチャに筋道を見出せない。この言葉は、説明描写やラベル、その他サイトで使う用語を指す。このため、「ユーザーが使う言葉をサイトに使うこと」、「その言葉の使用に一貫性を持たせること」が欠かせない。一貫性を強化するために使うツールのことを、**制限語彙**という。

制限語彙は、サイトで用いる標準的な言葉を集めただけのものだ。ここでもユーザー調査が欠かせない。ユーザーが自然に感じる命名法のシステムをもっとも効果的に発展させるには、ユーザーに話しかけ、彼らのコミュニケーションの仕方を理解することだ。ユーザーの言葉を反映した制限語彙を作成する（そして、しっかり守る）のは、組織の内輪で使う言葉がサイトに忍び込んでくることを避けるもっともよい方法だ。仲間内のジャーゴン（内輪の用語）がサイトに紛れると、ユーザーはどまどうだけだ。

制限語彙は、コンテンツ全体の一貫性を維持する上でも役に立つ。コンテンツ作成の担当者が隣同士に座っていようと、別の大陸にいようと、制限語彙は絶対的なリソースとして機能し、みんなが確実にユーザーの言葉を話すことになる。

　制限語彙に対してのさらに洗練されたアプローチは、**シソーラス**（類語集）を作成することだ。承認された用語の単なるリストとは違って、シソーラスには一般的に使われるがサイトでの使用には承認されていない代替用語も記録される。シソーラスがあれば、仲間内のジャーゴン、省略表現、俗語表現、承認された用語に対する頭字語（頭文字をとって略した用語）なども対応づけることができる。シソーラスには、他のタイプの用語間の関係も含まれるかもしれない。より広義な言葉、狭義な言葉、推奨される関連用語も含まれることがある。これらの関係を記録することで、コンテンツの全域をより完璧に見通すことができる。ひいては、これが更なるアーキテクチャ的アプローチを提案することにもつながる。

　メタデータを含むシステムを構築する場合は、制限語彙やシソーラスがとくに役立つ。メタデータという用語は、「情報についての情報」という意味であり、コンテンツの一部を描写するための、構造化されたアプローチのことを指している。

ここで、ある記事を扱っていると考えよう。その記事では、ボランティアの消防団があなたの最新製品をどのように使用しているかについて述べている。この記事に含まれるメタデータには、以下のようなものが考えられる。

- ▶ 執筆者名

- ▶ 投稿日時

- ▶ 情報の種類（たとえば、ケーススタディや記事）

- ▶ 製品名

- ▶ 製品の種類

- ▶ 顧客の業界（たとえば、ボランティアの消防団）

- ▶ その他の関連情報（たとえば、地方自治機関か、緊急医療サービスか）

　どんなアーキテクチャ的なアプローチをとることができるかを考える際に、上のような情報があれば幅が広がるのだ。これらの情報がなければ、幅広く考えるのは困難（まったく不可能ではないにしても）になるだろう。要するに、コンテンツに関して詳しい情報があるほど、コンテンツの構造に柔軟性を持たせることができるのだ。突然「緊急医療サービスは利益の大きな市場としての潜在力があり、参入するべきだ」ということになったら、上記のようなメタデータが役に立つ。メタデータを利用すれば、新しいセクションを素早く作成できるし、既存のコンテンツを使って、新市場のユーザーニーズを満たすことが可能になる。

しかし、データ自体に一貫性がなければ、メタデータを収集・追跡しようと技術的システムを作成しても仕方がない。ここで制限語彙が役に立つ。コンテンツの一意の概念はそれぞれ一つの用語だけを使うようにしよう。そうすれば、コンテンツ要素間のつながりを定義するのを自動化できる。メタデータ内で使用する用語に一貫性を持たせるだけで、ある特定のトピックについて動的にすべてのページをリンクさせることも可能になる。

さらに、メタデータが優れていると、ユーザーはサイトの情報を素早く、より確実に見つけられるようになる。これは検索エンジンで基本的な全文検索をするよりもずっとよい。検索エンジンは強力な場合もあるけれど、たいていは、かなり、ものすごく、頭が悪い。文字列を入力すると、その文字列そのままを探しに行ってしまう。何を意味するのかなんてまったくわからないままに。

検索エンジンとシソーラスを接合し、コンテンツに対するメタデータを提供すると、エンジンを賢くする一助になる。検索エンジンがシソーラスを参照できれば、入力された用語と同義の優先語を使ってメタデータを検索することができるのだ。まったく検索結果が得られない状態から脱し、ユーザーはかなりターゲットが絞られた、適切な結果を得られるようになる。さらに、その他に関心がありそうな関連テーマについてのお勧めも得られるかもしれない。

チームの役割とプロセス

サイトの構造（用語やメタデータの詳細から、情報アーキテクチャとインタラクションデザイン全体像まで）を描写するために必要な文書は、プロジェクトの複雑さの度合いによって大幅に異なる。階層構造で大量のコンテンツが関わるプロジェクトの場合は、単純なテキストでアウトラインを作成するのは、アーキテクチャを文書化する上で効果的だろう。場合によっては、スプレッドシー

トとデータベースも役立つことがある。これらを利用すると、複雑なアーキテクチャのニュアンスをつかみやすくなることもあるのだ。

　しかし、情報アーキテクチャやインタラクションデザインでは、ダイアグラムがもっともメジャーな文書化ツールだろう。構造をビジュアルに表現することはもっとも効果的だ。サイト内での分岐やグループ、要素内の内部関係を伝達する上でとてもよい。ウェブサイトの構造は、本質的に複雑なものなのだ。この複雑さを言葉で伝えようとしても、誰も読んでくれない。この事実は保証できる。

　ウェブ初期のころ、こうしたダイアグラムは「サイトマップ」と呼ばれていた。でも、サイトマップという言葉は、サイト上のあるナビゲーションツールのことをも指していた（6章で詳しく説明しよう）。なので、サイトの構造を表す言葉としては、今では**アーキテクチャダイアグラム**（architecture diagram）のほうが内部的には好まれている。

　ダイアグラムには、全ページの全リンクを記録する必要はない。実際、ほとんどの場合はそこまで詳しいレベルまで書いてしまうと紛らわしくなる。チームが本当に必要としている情報がぼやけてしまうことだろう。重要なのは、概念的な関係を記録することだ。どのカテゴリーが一緒になり、どのカテゴリーは別なのか？　一連のインタラクションのステップはどのようにまとまるのか？　などだ。

　僕が作成したシステムで、サイト構造をダイアグラムできるシステムがある。これは視覚言語（Visual Vocabulary）と呼ばれている。2000年に初めてウェブに投稿して以来、世界中の情報アーキテクトやインタラクションデザイナーが視覚言語を取り入れてきた。僕のウェブサイト（**www.jjg.net/ia/visvocab**）は、詳しい情報やサンプルダイアグラムがあり、ツールのダウンロードもできる。

▶視覚言語は、アーキテクチャをダイアグラム化するシステムだ。非常に単純なアーキテクチャ（上図）から、非常に複雑なアーキテクチャ（下図）まで、幅広く適用できる。詳しくはwww.jjg.nwt/ia/visvocab参照。

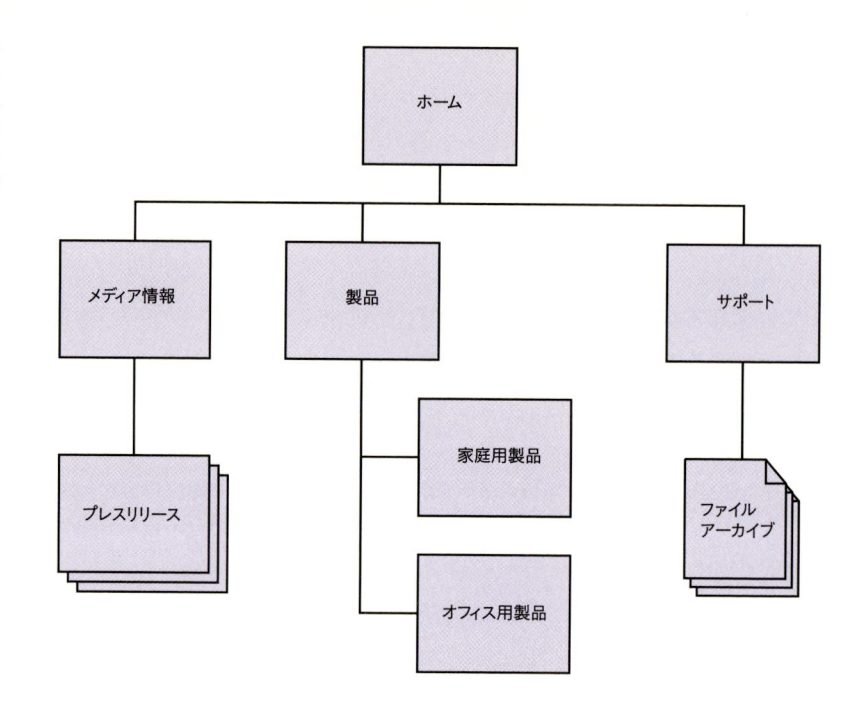

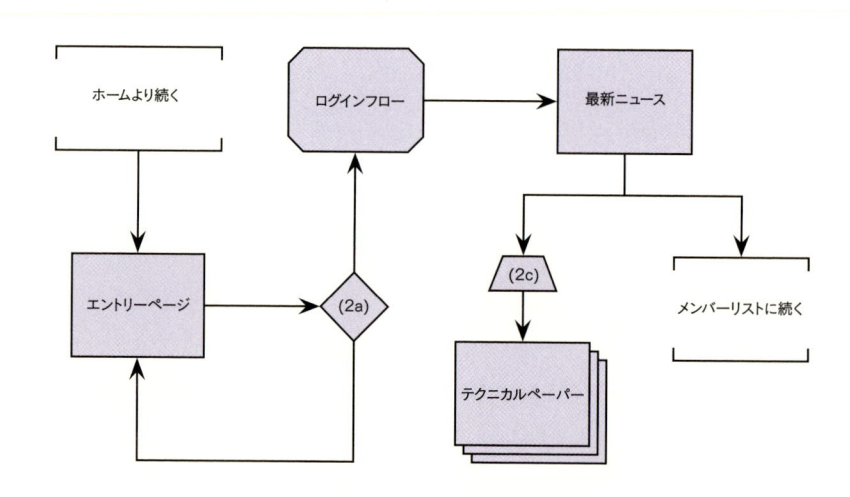

インタラクションデザインと情報アーキテクチャのいずれも、比較的最近ユーザーエクスペリエンスの分野として考えられるようになったため、ウェブ開発チームに明確な担当者がいないというのはまだよくあることだ。これに照らして考えてみると、構造が前もって計画されたウェブサイトというのがほとんど見当たらなくても驚かない。

　構造に関する担当は、意識的な計画ではなく、自然に誰かに落ち着いていることがよくある。多くの場合、誰が構造に関する責任を負うかは、その組織の文化やプロジェクトの性格による。ウェブの黎明期において、サイトは組織内に既存の技術部門のスタッフによって作られ、管理されていた。組織というのはなかなか変化しない（またはリソースがとても限られている）ところで、これはまだ今日でもあてはまりそうだ。

　膨大なコンテンツをもつサイトや、インターネット上で大きな存在感をもつ組織において、サイトの構造を決定する責任は、コンテンツ開発、編集、マーケティングコミュニケーション部門などにあり、はじめはマーケティング活動として見受けられた。組織が歴史的に技術系の人間によって動かされていたり、内部文化が技術志向であった場合、構造に関する責任は、ウェブサイトを担当している技術プロジェクトのマネージャーに落ち着くのが普通だった。

　構造関係の問題を専門に担当するフルタイムの専任者がいれば、どんなプロジェクトでも役に立つ。この人物は「インタラクションデザイナー」という役職で言われることもあるが、たいていは「情報アーキテクト」と呼ばれている。肩書きに惑わされないように注意しよう。たしかに、情報アーキテクトの中には「サイトの組織化スキームやナビゲーション構造の制作が専門」という人もいる。だが、たいていはそうじゃない。情報アーキテクトはインタラクションデザインの問題でもある程度経験をつんでいるものだ。実際、「情報アーキテクト」の肩書きを持っている人の中には、むしろインタラクションデザインの専任者と言える人もかなり存在しているのだ。

あなたの組織では、情報アーキテクトをフルタイムで常駐スタッフに雇うほどの進行中の仕事はないかもしれない。もし、「ウェブ開発することは、ほとんどが既存のコンテンツを更新するだけ」で、「数年ごとに全サイトの再設計といった新規開発はあまり行わない」なら、社員として情報アーキテクトを雇ってもおそらく資金のムダになる。しかし、常に新しいコンテンツと機能がサイトに追加されるのなら、情報アーキテクトがそばにいれば便利だ。ユーザーのニーズを満たし、同時に自分たちの戦略目標も満たすためにもっとも効果的なやり方で作業を管理することができるようになるだろう。

　構造的な問題に対処する専任者がいるかどうかは重要ではない。重要なのは、誰かがそうした問題を対処するということだ。あなたが考え出したものであろうとなかろうと、サイトには構造が存在する。定義された明確な構造計画に基づいて構築されたサイトなら、あまり頻繁に総点検をしなくてもよいし、サイトのオーナーには具体的な成果を出してくれる。そして、ユーザーのニーズを満たせるものになる。

書籍の紹介

Cooper, Alan. The Inmates Are Runnning the Asylum: Why High-Tech Products Drives Us Crazy and How to Restore the Sanity. Sam,1999 年
邦訳:『コンピュータは、むずかしすぎて使えない!』
アラン・クーパー（原著）、山形浩生（翻訳）、翔泳社、2000 年

Norman, Donald A. The Design of Everyday Things. Revised edition Currency/Doubleday,1990 年
邦訳:『誰のためのデザイン?―認知科学者のデザイン原論』
D.A. ノーマン（原著）、野島久雄（翻訳）、新曜社、1990 年

Rosenfeld, Louis and Peter Morville. Information Architecture for the World Wide Web. 2nd edition . O'Reilly, 2002 年
邦訳:『Web 情報アーキテクチャ―最適なサイト構築のための論理的アプローチ 第 2 版』
ルイス・ローゼンフェルド、ピーター・モービル（原著）、篠原稔和、ソシオメディア（翻訳）、オライリージャパン、2003 年

Web リソース:www.jjg.net/elements/resources/

THE SKELETON PLANE

CHAPTER 6
骨格段階

INTERFACE DESIGN, NAVIGATION DESIGN,
AND INFORMATION DESIGN
インターフェースデザイン、ナビゲーションデザイン、
そして情報デザイン

戦略目標からはたくさんの要求が生じる。その要求を概念的な構造で具体化する。そして、骨格段階では、さらに構造に磨きをかけ、インターフェースやナビゲーション、情報デザインの具体的な機能性を特定していく。そうすることで、無形である構造を具体的な形にできるのだ。

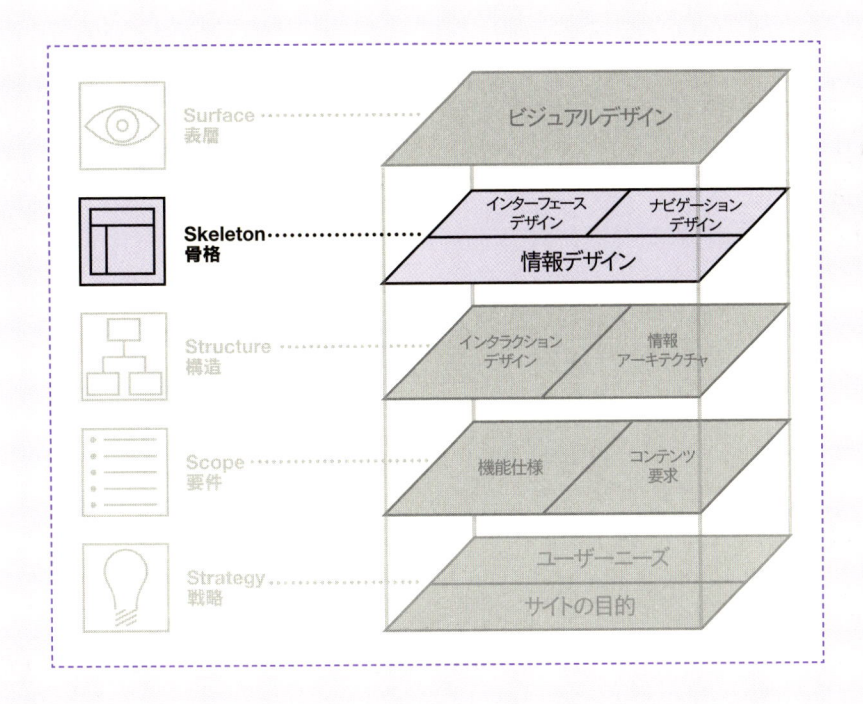

Surface
表層

Skeleton
骨格

インターフェースデザイン　ナビゲーションデザイン
情報デザイン

Structure
構造

インタラクションデザイン　情報アーキテクチャ

Scope
要件

機能仕様　コンテンツ要求

Strategy
戦略

ユーザーニーズ
サイトの目的

骨格を定義する

前章の構造段階では、「サイトがどのように機能するのか」を定義してきた。この骨格段階では、「その機能性がどのような形をとるのか」を定義する。プレゼンテーションの面でより具体的な問題に触れ、さらに細かい部分に関わる問題に対処していく。また、構造段階では、アーキテクチャとインタラクションにおける大規模な問題に注目していた。この骨格段階では、主に個別のページやその構成要素のレベルを扱っていく。

ソフトウェア側では、**インターフェースデザイン**を通じて骨格を定義する。インターフェースデザインとは、ボタンやフィールド、その他のインターフェース構成要素などおなじみのものを指す。一方、**ナビゲーションデザイン**はハイパーテキストの問題だ。ナビゲーションとは、ハイパーテキスト情報空間のインターフェースを提示するために用意されたものだ。最後に、両方に共通して**情報デザイン**がある。これは効果的なコミュニケーションができるように情報を提示するためのものだ。

これら 3 つの要素は密接に結ばれている。この本で紹介している他のどの要素よりも、密接だ。インターフェースデザインの問題が、だんだん情報デ

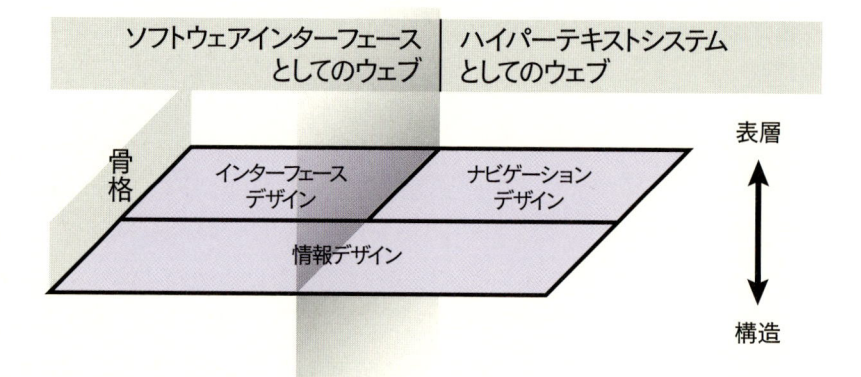

ザインの問題と区別がつかなくなったり、情報デザインで問題があると思ったら、ナビゲーションデザインの問題だったりするのも珍しくない。

　境界は曖昧になることもあるが、これらの問題を別々の領域として認識しておくと、「適切な解決策を決めることができたか」が評価しやすくなる。ナビゲーションデザインが優れていても、ひどい情報デザインは修正できない。だから、各分野の問題がどう異なっているのか理解していないと、本当に解決できたのかわからなくなってしまう。

　インターフェースデザインは、ユーザーに**何かをする**能力を提供する。仕様で定義され、インタラクションデザインで構造化された機能性にユーザーがコンタクトする際、インターフェースがその手段となる。

　ナビゲーションデザインは、ユーザーに**どこかの場所へ行く**能力を提供する。情報アーキテクチャは僕たちが開発してきたコンテンツ要求のリストに構造を適用する。ナビゲーションデザインというレンズを通してユーザーは構造を見ることができ、ナビゲーションデザインという手段を通じてユーザーは構造内を動き回ることができるのである。

　情報デザインは、ユーザーに**アイデアを伝える**ことを実現する。情報デザインはこの段階の3つの要素でもっとも幅広い要素だ。骨格段階にはソフトウェアインターフェース側とハイパーテキストシステム側があるが、その両方で目にするほぼすべての面で連携したり、活用したりする可能性がある。タスク指向（task-oriented）のソフトウェアシステムと情報指向（infomation-oriented）のハイパーテキストシステムの間には境界があるが、情報デザインはその境界を越える。なぜなら、インターフェースデザインもナビゲーションデザインも、優れた情報デザインのサポートがなければ完璧に成功することはできないからだ。

慣例とメタファー

　習慣と反射は、周囲の世界との多くのインタラクションの基盤である。実際、多くの行動を反射的にできるようにならなければ、僕たちは毎日かなり少しのことしかできなくなってしまう。車の運転を初めてしたときを考えてみよう。いくら運転してもまったく運転が簡単にならないなんて、想像できるだろうか？　運転の能力や料理の能力、パソコンを使う能力——ものすごく集中して、くたくたにならなくても、タスクをこなせる能力——は、ちょっとした反射が蓄積したおかげだ。

　慣例があると、こうした反射を違う状況でも適用できる。かつて僕が持っていた車は、友人が運転すると必ずトラブルを起こした。車のエンジンをかけて、友人たちがまずすることといったら、フロントガラスの洗浄だった。「フロントガラスが汚れている」と彼らが思ったからではない（たぶん汚れていたが）。彼らはヘッドライトを「点灯」しようとして、「洗浄」してしまったわけだ。僕の車では、ヘッドライトのコントロールの場所が友人の慣例と違っていたのだ。

　慣例の重要性を示すには、電話もよい例だ。ときどきボタンの配置が標準の「横に3列×縦に4列」と違う電話機が製造されることがある。たとえば、6つのボタンが2列になったものや、4つのボタンが3列だったりする。ボタンを円形に配置したものも出てくることがあるが、そうした電話はレアな存在になってきている（デザインのベースにしたダイヤル式の電話はテクノロジーの中で忘れ去られようとしているから）。

　配置が変わったからといって、たいした違いはないように思える。しかし、大きな違いが生じるのだ。ボタンの配置が標準とは違った電話機の場合、ボタンを押すのにどのくらいの時間をユーザーが要するか計ってみると、1回の電話につき3秒くらいだとわかる。それほどたいした違いではない——が、

ユーザーにしてみれば、その3秒は単なる時間の無駄ではない。ユーザーにとって、この3秒はフラストレーションに満ちた3秒なのだ。苦痛を感じさせるほど反射タスクが遅くなるのは、慣例というじゅうたんをユーザーの足元から引き抜いて、慣れない状況に陥らせるからだ。

　実際、電話の「3×4」の配列に人々が非常によく馴染んでいるので、電話とは関係ない機器でも「3×4」が標準になってきている。たとえば、電子レンジやテレビのリモコン、ビデオのリモコンなどが挙げられる（面白いことに、この分野でのスタンダードは電話機のパッドだけではない。「テンキー」スタンダードは昔の電卓キーパッドに使われていたが——これは電話機のキーパッドを反転させたものだが——、今では計算機やコンピュータのキーボード、ATM、レジスターの台に使われているし、データ入力に特化した、在庫システムのようなアプリケーションでも使われている。標準をひとつに統一することが最善のソリューションではあるけれども、どちらの標準も3×4の配列を使っているので、人々が比較的簡単に適応できるのだ）。

　「ひたすら慣例に固執すれば、あらゆるインターフェース問題は解決できる」と言っているわけではない。そうではなくて、単に慣例以外のことをする場合には注意しなければならないし、違ったアプローチは、明らかな利点がある場合だけにするべきだということだ。うまくいくユーザーエクスペリエンスを作り上げるには、どんな選択をするにも、きちんとした理由が必要なのである。

　「自分のウェブのインターフェースと、ユーザーが既に馴染んでいる他のインターフェースとに一貫性を持たせる」ことは重要だが、それ以上に重要なのは、「自分のインターフェースそのものに一貫性を持たせる」ことだ。サイト内部での一貫性を確実にするには、サイトの機能性に対する概念モデルが役に立つ。もし2つの機能性があり、両方とも概念モデルが同一ならば、インターフェース要求も類似することが多い。両方とも同じ慣例を使っていれば、片方の機能性に慣れたユーザーは、もうひとつの機能性にもすばやく

適応できる。

　機能性に対する概念モデルが異なっていても、それらに共通して適用されるアイデアは、同じように扱われるべきだろう（完全に同じ扱いではないにせよ）。概念モデルがどこに現れるにしてもそうだ。「スタート」や「終了」、「戻る」、「保存」といった概念は、多様なコンテキストに存在する。しっかり一貫性を持ってこれらを扱いたい。そうすれば、ユーザーはシステムのほかの部分を使って習得したものを適用することができ、少ない間違いで目標にもっとすばやくたどりつけるようになる。

　インタラクションデザインの根本にある概念モデルは、文字通りに受け取りすぎてはならない。これと同様に、「**メタファー**を中心にサイトを構築する」という衝動に負けてはいけない。サイトの機能性のメタファーはかわいらしくて面白いものだ。だが、決して思うとおりに機能してくれない。実際、まったく役に立たないことも多い。

▶訳注:Slateのナビゲーションについては、104ページを参照。

　場合によっては、現実世界のインターフェースに倣って、特定の機能のインターフェースデザインを真似たくなることもあるかもしれない。Slateのナビゲーションを覚えているだろうか？　そこでは、本物の雑誌のようにページを「めくる」ことができた。現実世界のインターフェースやナビゲーションの機器は、現実世界の制約を持った製品だ。物理、物質の特性などの制約がある。ウェブでは、これらと同じ制約はほとんど存在しない。

　サイトの機能と現実世界での経験の共通点を挙げれば、人々がサイトの機能について知る、よい手助けになるかもしれない。しかし、この種類のアプローチは、機能の性質を明らかにするというよりは、曖昧にしてしまう。あなたにとっては、機能とメタファー的な表現とのつながりは明らかかもしれない。しかし、そのつながりはユーザーが思い描く数々のつながりのうちのひとつにすぎないのだ。ユーザーが異なる文化背景を持っていれば、とくに

そうだ。同じ絵を見ても「この電話の小さな絵は何を表しているのだろう?」「このサイトから電話をかけられるのかな?」「留守番電話を聞けるのかな?」「電話料金を支払えるのかな?」など、思い浮かべることはさまざまなのだ。

　もちろん、「メタファーが何を表現しようとしているのか」は、サイトのコンテンツを用いることでも、ある程度はコンテクストを提供できるので、ユーザーが推測しやすくなる。しかし、提供するコンテンツと機能性に幅があるほど、ユーザーの推測は外れやすくなる。それに、いずれにしても、閲覧者の中には常に間違った推測をする人がいるものだ。ユーザーが推測しなければならないようなことは、まとめてなくしてしまったほうがよりよくなるだろう（それに簡素化できる）。

　メタファーを避けると、ユーザーがサイトの機能性をいろいろ確かめ、使用する上での心理的な負担は本当に軽くなる。電話帳のアイコンで実際の電話番号ディレクトリを表すのなら問題はない。しかし、コーヒーショップの絵でチャットエリアを表現しようというのはちょっと問題だ。

インターフェースデザイン

「ここに重要なものがある」ということにユーザーがすぐに気がつけるのが、うまくいくインターフェースだ。逆に、重要でないものには、ユーザーは気づかなくてもよい——重要でないものはまったく存在しないこともある。複雑なシステムのインターフェースをデザインする上で、もっとも大きな難題は、「ユーザーが対処しなくてもよい面はどれか」を理解し、それらの可視性を減らす（あるいは、全部まとめて省いてしまう）ことだ。

プログラミング経験のある人々にとっては、この考え方はちょっと慣れるのに時間がかかる。自分たちが慣れ親しんだ考え方とは、かなり違っているからだ。優れたプログラマーは、常に「もっとも発生しにくそうなシナリオ」——プログラミング用語で、「エッジケース（edgecase）」という——を考慮に入れる。つまり、プログラマーにとって最高の成果は、決して破綻しないソフトウェアを作成することだ（エッジケースを考慮しなかったプログラミングは、思いもよらないような極端な状況下で破綻しやすい）。だから、プログラマーは、すべての状況を等しく扱うよう訓練されている。たとえその状況を起こすのがユーザー1人だろうと、ユーザー1000人だろうと。

だが、インターフェースデザインでは、このアプローチはうまくいかない。「少数の極端なケース」と、「ユーザーの大多数が必要とするケース」との重要度を同じだと考えると、結局、両方のケースに合っていないものになり、どちらのユーザーも不幸にしてしまう。うまくデザインされたインターフェースでは、ユーザーがもっともとりがちな行動を認識している。そして、インターフェース要素はユーザーがもっともアクセスしやすく、使いやすいようになっているのだ。

だからといって、すべてのユーザーインターフェースの問題に対する答えが「ユーザーがもっとも押しがちなボタンは、ページのボタンの中で最大に

すればよい」ということではない。インターフェースデザインでは、ユーザーが目標をより達成しやすくするために、さまざまなトリックを用いることができる。簡単なトリックをひとつ挙げてみよう。それは、インターフェースが最初にユーザーに表示される際の、デフォルト選択項目について、よく考えることだ。ユーザーのタスクと目標をよく理解したら、「どうやらユーザーは、単純な検索結果よりも詳しい検索結果を好むようだ」という考えに至ったとしよう。その場合は、デフォルトで「もっと詳しく表示」チェックボックスをあらかじめチェックしておくとよい。わざわざチェックボックスを読んで、自分でチェックをしなくても、自動的に詳しい検索結果が出てくるので、より多くの人が検索結果に満足することになる（もっとよいのは、ユーザーが前回訪問したときに選択した項目を自動的に記憶するシステムだが、これは、ぱっと見で思うよりずっと技術的な離れわざが必要だったりするし、開発チームによっては、うまく導入させるのは非現実的だったりする）。

インターフェースをウェブ上に届ける技術は主に2つある。HTMLとFlashだ。これらには固有の技術的な制約があるので、僕たちが利用できるインターフェースオプションは限られる。これには悪い点も、良い点もある。悪い点は、イノベーション（革新）のチャンスを制限してしまうところだ——インターフェースアプローチの中には、「従来どおりのデスクトップソフトウェアでは可能だったけれど、ウェブ上では不可能」というものもあるからだ。しかし、わずかな標準的コントロールさえ覚えれば、ユーザーはその知識を幅広いサイトに適用できるという点では、この状況はよいとも言える。

HTMLはもともとシンプルなハイパーテキスト情報のためのものだったが、よりインタラクテビティを提供できる可能性が見出された。HTMLが世の中にリリースされてまもなく、HTMLには一握りの標準インターフェース要素ができた。

チェックボックス（**Checkboxes**）では、ユーザーは項目を選択できる。その選択は、お互いに独立している（ひとつも、複数も選択可）。

☐ **Checkboxes are independent** チェックボックスは独立
☑ **So they can come in groups** だからグループでもよいし
☐ **Or stand alone** ひとつだけでもよい

ラジオボタン（**Radio buttons**）では、1セット内の項目選択は相互排他的だ。ユーザーは1セットの項目の中からひとつだけ選択できる。

○ **Radio buttons** ラジオボタンは
○ **Come in groups** グループになっていて
○ **And are used to make** 相互排他的な
● **Mutually exclusive selections** 選択をするために
○ **Burma-Shave** 作られている

テキストフィールド（**Text fields**）ではユーザーは…ええと、テキストを入力できる。

| Text input fields let you input text |

テキスト入力フィールドでは、テキストを入力させる

ドロップダウンリスト（Dropdown lists）はラジオボタンと同じ機能を提供しているが、よりコンパクトなスペースに収めることができる。また、より多くの選択項目を効果的に表示できる。

> Dropdown lists work like radio buttons
>
> ドロップダウンリストはラジオボタンのように機能する

リストボックス（List boxes）はチェックボックスと同じ機能を提供しているが、よりコンパクトなスペースに収めることができる（スクロールできるので）。ドロップダウンと一緒に用いると、リストボックスは大量の選択項目を簡単にサポートできる。

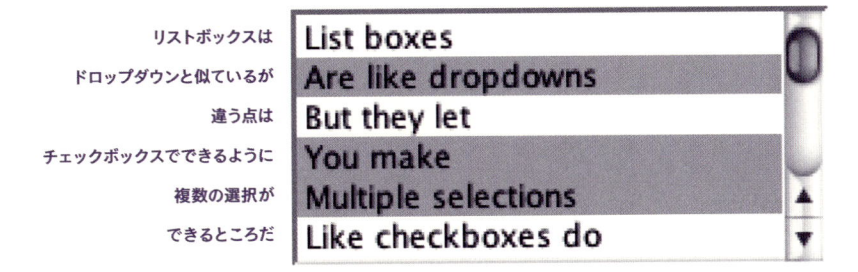

> リストボックスは
> ドロップダウンと似ているが
> 違う点は
> チェックボックスでできるように
> 複数の選択が
> できるところだ
>
> List boxes
> Are like dropdowns
> But they let
> You make
> Multiple selections
> Like checkboxes do

アクションボタン（Action buttons）ではさまざまなことができる。典型的なのは、「ユーザーが他のインターフェース要素を通じて提供した情報」を取り込むようシステムに告げ、その情報を使って何かを実行することだ。

> Buttons perform actions
>
> ボタンはアクションを実行する

FlashもHTMLと同じ基本要素を提供している。しかし、Flashはもともとアニメーションツールなので、「インターフェースがどうユーザーに反応するか」という点では柔軟性がはるかに高い。その結果として、Flashのインターフェースでは、デザインプロセスにおいて、より複雑なデザイン選択が必要となるので、適切にデザインするのは、ずっと難しくなる傾向がある。

　異なるインターフェース要素をあれこれ扱ってみて、その中から選ぶことには妥協がつきものだ。確かに、ドロップダウンリストを使えば、ラジオボタンを使うよりもスペースは節約できる。しかしドロップダウンリストでは、選べる選択肢をユーザーから隠してしまうことにもなる。検索したいカテゴリーをユーザーに入力してもらうようにすれば、データベースにとっては負荷が小さくなるが、ユーザーの負担が大きくなってしまう。もし選択肢が6つしかない場合ならチェックボックスあたりが適当かもしれない。

　ウェブのインターフェースデザインは、「ユーザーが達成したいタスクのためのインターフェース要素を選択すること」と「その要素をすぐ理解してもらえるように、また使いやすいように配置すること」がすべてだ。ウェブサイトでのタスクは、一般的に数ページに及ぶ。ユーザーは各ページで異なるインターフェース要素に取り組まなければいけない。どの機能がどのページにくるかは、構造段階でのインタラクションデザインに関わる問題だ。これらの機能がページ上でどのように理解されるかは、インターフェースデザインの領域で扱う。

▶ドロップダウンリストは重要な選択項目をユーザーの目から見えないところに隠してしまうため、問題になる場合もある(左)。ラジオボタンは簡単にすべての選択項目を表示できるが(右)、インターフェース上ではその分スペースを多く必要とする。

138　　Chapter 6　　骨格段階

インターフェースがユーザーからの情報を集めるだけでなく、ユーザーに対して情報を伝達しなければいけない場合もある。その場合は、インターフェースデザインの問題であっても情報デザインが役に立つ。エラーメッセージは、うまく使えるインターフェースを作成する上で、昔ながらの情報デザイン上の課題だ。インストラクション的な情報を提供するのもまた別の問題だ——ユーザーに実際インストラクションを読んでもらうまでがいちばんの難関であるからだとはいえ。システムはいつでも、インターフェースをうまく使えるように、ユーザーに情報を提供しなければいけない（その理由がユーザーが間違うからでも、ユーザーが始めたばかりだからでも）。それが情報デザインでの問題だ。

ナビゲーションデザイン

ナビゲーションデザインは一見単純な仕事のように思える。全ページにリンクを張って、ユーザーに動き回ってもらえばよい、というように。しかし、ちょっとでもその仕事の初歩的なことをやってみると、ナビゲーションデザインの複雑さがあらわになってくる。どんなサイトのナビゲーションデザインでも、同時に達成しなければいけない目標が3つある。

> ▶ 1つ目として、ナビゲーションデザインは、ユーザーがある地点から別の地点へと移動できる手段を提供しなければならない。ナビゲーション要素は実際のユーザーの振舞いをスムーズに運ばせるために厳選する必要がある。これはなぜかというと、あらゆるページに対してあらゆるページからリンクを張る方法は非現実的（それに現実にできるとしても、よい考えではない）だからだ。さらに張ったリンクも切れてはいけない。

▶ 2つ目として、ナビゲーションデザインは、含んでいる要素同士の関係を伝達しなければならない。単にリンクの一覧を提供するだけでは不十分だ。「これらのリンクはお互いにどんな関係があるのか？」「あるリンクは他のリンクよりも重要なのか？」「これらのリンクの間で、関連する違いは何か？」ユーザーがどれを選べばよいか理解するためには、これらを伝えることが欠かせない。

▶ 3つ目として、ナビゲーションデザインは、ユーザーが現在見ているページとそのコンテンツとの関係を伝えなければいけない。「これは自分が今見ているものと何の関係があるのだろう？」このことを伝えることにより、ユーザーはどれを選択すれば自分が追い求めている目標やタスクをサポートしてもらえるのか、理解しやすくなる。

　物理的な空間であれば、人はある程度自分に内在する方向感覚を頼りにすることができる（もちろん、いつも迷ってばかりの人もいるが）。しかし、情報空間で道を探し当てる際には、脳のメカニズムのうち、物理的な空間で道を探し当てるのに役に立つ部分は（「えーと、入ってきた入り口は僕の背後にあって、左側だ」のように）、まったく役に立たない。

　だからこそ、ウェブサイト上のすべてのページがユーザーに対してはっきりと「今、自分はサイトのどこにいるのか」、「ここからどこへ行けるのか」を伝達することが非常に重要なのだ。情報空間において、どの程度ユーザーが自分の位置を把握できているのかは、現在論議の的となっている。「ウェブサイトを訪問するのは、家電店や図書館を訪れる場合と同じだ。訪問時に、ユーザーは頭の中に小さな地図を作っている」という意見を強くおす人もいる。また、「ユーザーは、サイトで一歩進むとたんに記憶が消えていくようなものだ。目の前にあるナビゲーションのヒントや経路探索のヒントに頼り切っているのだ」という人もいる。

どうやって（またはどの程度）人々がウェブサイトの構造を頭の中に保つことができるのか、僕たちはまだ知らない。それが判明するまでは、「ページからページへ移動するとき、ユーザーは直前に自分がどこにいたのか覚えていない」と考えておくのがベストだ（結局、Googleのような検索エンジンにあなたのサイトが載ると、どんなページも入り口になりうるのだから）。

たいていのサイトは、複数の**ナビゲーションシステム**を提供している。それぞれが特定の役割を持ってユーザーが様々な状況でうまくサイトをナビゲートできるようにしている。実際には、5、6種類の一般的なナビゲーションシステムが登場するものだ。

グローバルナビゲーション（Global navigation）は、サイト全体へのアクセスを提供している。ここで使われる「グローバル」は、必ずしも「サイトの全ページにナビゲーションが現れる」ということではない。それも悪い考えではないけれども（サイト全体にナビゲーション要素が現れる場合には、「Persistent（不変の）」という言葉を使っている。念のためだが、不変のナビゲーション要素は必ずしもグローバルではない）。グローバルナビゲーションは、ユーザーがサイトのある一端から他の一端へ進む際に必要となる、重要なアクセスポイントのセットをまとめている。どこへ行きたいにしても、(最終的には)グローバルナビゲーションからそこへ行くことができるのだ。

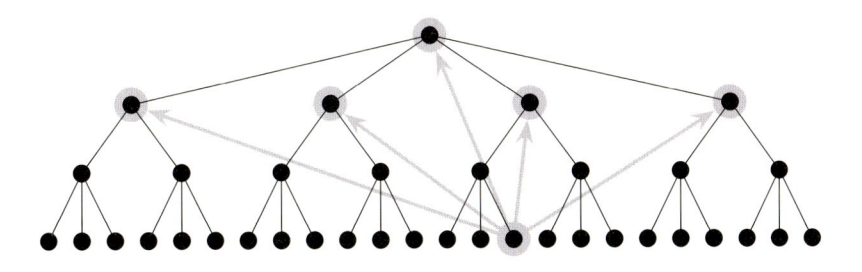

◀グローバルナビゲーションの概念図。

ローカルナビゲーション（Local navigation）は、アーキテクチャ内で「すぐ近く」にあるものへのアクセスを提供している。階層アーキテクチャが厳密なら、ローカルナビゲーションでアクセスできるのはページの親、兄弟、子かもしれない。もしあなたのアーキテクチャが、サイトのコンテンツに対するユーザーの考え方を反映して構築されているのなら、ローカルナビゲーションは他のナビゲーションシステムよりも一般的により多く使用されることだろう。

▶ローカルナビゲーションの概念図。

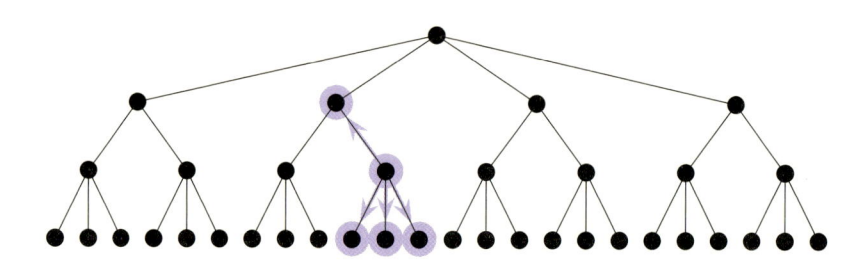

サブナビゲーション（Supplementary navigation）は、グローバルナビゲーションやローカルナビゲーションではすぐにアクセスできない、関連するコンテンツへの近道を提供している。このタイプのナビゲーションスキームはファセット分類——この分離のおかげで、ユーザーは最初からやり直しをしなくても、視点を変えてコンテンツの探索を続けていける——の利点を与えてくれる。そしてその一方でサイトは本質的に階層的なアーキテクチャを保つことができる。

▶サブナビゲーションの概念図。

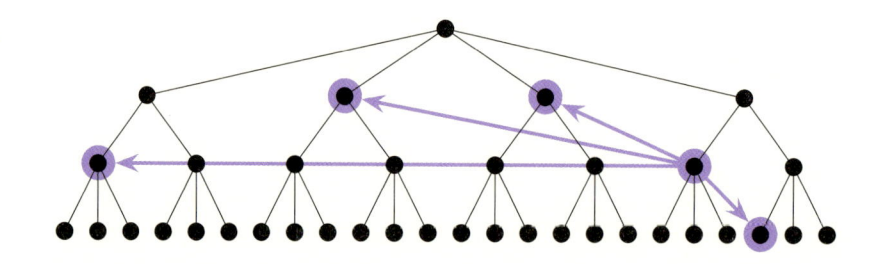

コンテクストナビゲーション（Contextual navigation）（「インラインナビゲーション」と呼ばれることもある）は、ページのコンテンツ内に埋め込まれている。このタイプのナビゲーション（たとえば、ページのテキスト内のハイパーリンク）は、十分利用されない（または誤って利用される）ことが多い。テキストを読んでいる最中に、ユーザーは「もうちょっと違った情報が必要だ」と思うことがある。ユーザーにページをざっと眺めさせて適切なナビゲーション要素がどこにあるか探させる（もっとひどいときには、検索エンジンへと急がせる）代わりに、適切なリンクをそこに置いたらよいではないか。

戦略段階へと遡って、ユーザーとユーザーニーズをよりよく理解するほど、より効果的なコンテクストナビゲーションを取り入れることができる。ユーザーのタスクと目的をはっきりとサポートしていなければ（テキストがハイパーリンクだらけで、どれが自分のニーズに対して適切なリンクなのか、ユーザーが選べないようなら）、コンテクストナビゲーションは（当然ながら）乱雑だとみなされるだけだ。

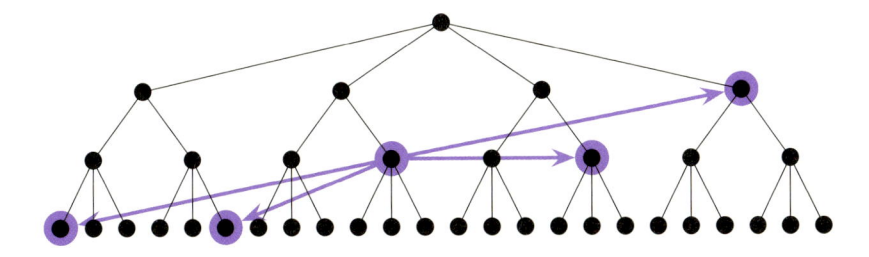

◀コンテクストナビゲーション概念図。

▶優先ナビゲーションの概念図。

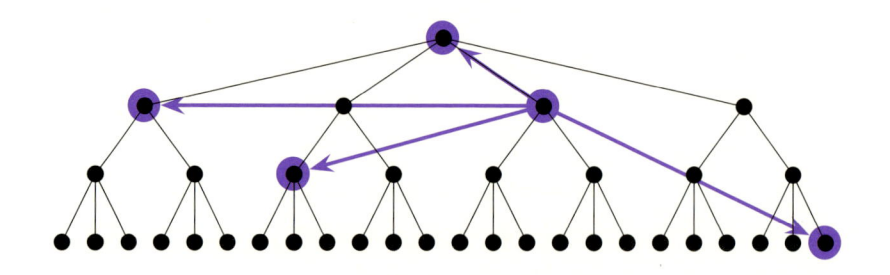

　優先ナビゲーション（**Courtesy navigation**）は、「ユーザーが定期的に必要とするものではないが、一般的に、ユーザーの都合を考えたアイテム」へのアクセスを提供している。物理的な世界では、小売店は入り口に営業時間を掲示しているものだ。ほとんどの顧客にとっては、たいていの場合、この情報はたいして役に立たない。その店が営業しているかどうか、一目見ればわかるからだ。しかし、その情報を知っていれば、本当に必要になったときにすぐ役に立ってくれる。連絡先に関する情報やフィードバック用のフォーム、ポリシー提示へのリンクは、一般的に優先ナビゲーションに見られる。

　ナビゲーションの中には、ページの構造内に埋め込まれているが、単独で機能しており、サイトのコンテンツや機能性から独立しているものもある。これらは**リモートナビゲーション**ツールと呼ばれる。どんなときにユーザーがこのツールに頼るかというと、提供されたその他のナビゲーションシステムにユーザーが不満を感じたとき、あるいはナビゲーションシステムを一目見て「これはわかろうとしてもムダだ」と結論づけてしまったときである。

　サイトマップは一般的なリモートナビゲーションツールである。サイト全体のアーキテクチャを、簡潔な1ページのスナップショットとして、ユーザーに提供している。サイトマップは、サイトの階層的な「アウトライン」とし

て示されることが多く、すべてのトップレベルセクションへのリンクがあり、そこからインデント下げをして、主な2次レベルセクションへのリンクも示している。サイトマップでは、階層の上位2レベルまでを出すのがほとんどだ——それ以上深い階層は、一般的にユーザーは必要としない——（仮にそうでないとしたら、上層のアーキテクチャに何か問題があるということだ）。

インデックスはトピックをアルファベット順に並べ、適切なページにリンクを張ったものだ。本のインデックス（索引）によく似ている。このタイプのツールが効果的なのは、幅広いテーマを扱った、大量のコンテンツがあるサイトだ。それ以外の場合は、たいていはサイトマップときちんと計画されたアーキテクチャがあれば十分である。インデックスはサイトのコンテンツ全般をカバーするというより、サイトの個別のセクション用に展開されることもある。このアプローチが役立つのは、情報ニーズが一致しない、異なる閲覧者に対してセクションを役立てようとする際だ。

情報デザイン

情報デザインははっきりと定義することが難しいこともある。情報デザインは他のデザイン要素をくっつける「のり」として機能している。どんな場合でも、結局、情報デザインは「**どのように情報を提示するか**」になる。人々がより簡単に情報を利用する、あるいは理解することができるようにするためだ。

情報デザインはビジュアル面の場合もある。このデータを提示するいちばんよい方法は、円グラフだろうか、棒グラフだろうか、それとももっと他の方法だろうか？「双眼鏡」のアイコンは、サイトを検索するという概念をしっかり伝えられるだろうか、それとも虫メガネのほうがちゃんと理解してもらえるだろうか？

情報デザインには、情報のグループ分けや配置換えが関わるときもある。僕たちはデザインのこの面を当然と思っている。なぜなら、一般的な情報が特定の方法でグループ分けされるのを見慣れているからだ。たとえば、このような項目リストだ。

- ▶ 州
- ▶ 役職
- ▶ 電話番号
- ▶ 番地
- ▶ 名前
- ▶ 郵便番号
- ▶ 組織名
- ▶ 市町村
- ▶ eメールアドレス

これはちょっと混乱しやすい。普通は以下のようになっているはずだからだ。

- ▶ 名前
- ▶ 役職
- ▶ 組織名
- ▶ 市町村
- ▶ 州
- ▶ 郵便番号
- ▶ 電話番号
- ▶ eメールアドレス

この並び方はもう少しはっきりさせることもできる。

- 個人情報
  - 名前
  - 役職
  - 組織名
- 住所
  - 番地
  - 市町村
  - 州
  - 郵便番号
- その他連絡先情報
  - 電話番号
  - eメールアドレス

これは非常に簡単な例だが、もう少し違った選択項目のリストだともっと困難になる。

- パワーリミット
- ローターサイズ
- タンク容量
- トランスミッションタイプ
- 平均角速度
- シャーシスタイル
- 最大出力

もちろん、カギとなるのは、情報要素をグループ分けし、並び替える際にユーザーの考え方を反映することと、ユーザーのタスクと目的をサポートする分け方、並べ方をすることだ。これらの要素の概念的な関係は、本当にミクロレベルの情報アーキテクチャだ。情報デザインは、僕たちがページ内の構成要素と**コミュニケート**しなければならないときに機能する。

経路探索

　情報デザインとナビゲーションデザインがともに実行する、重要な機能のひとつが、**経路探索**（**Wayfinding**）のサポートだ。経路探索の考え方は、物理的な世界における公共スペースのデザインからきている。公園や商店、道路、空港、駐車場など、どれも経路探索の工夫に恩恵を受けている。たとえば駐車場では、人々が「どこに車を止めたか」を覚えやすくするために色を記号化している。空港では、表示や地図、その他のしるしを使って、人々が道を見つけやすいようにしている。

　ウェブサイトでは、一般的に経路探索はナビゲーションデザインと情報デザインの両方が関わる。サイトで用いられているナビゲーションシステムはサイトの異なったエリアへのアクセスを提供するだけでなく、これらの選択肢をうまく伝達しなければならない。優れた経路探索があれば、ユーザーは「自分たちがどこにいるのか」、「どこへ行けるのか」、「どの選択肢を選べば目標に近づけるのか」を素早く心に描けるようになる。

　経路探索の情報デザイン要素には、ナビゲーションの機能を持たないページ要素も関わってくる。たとえば、ちょうど駐車場の例のように、ウェブサイトでも色を記号化してユーザーが探しているセクションがどれかを示しているものもある（しかし、色の記号化は、それだけでは決して使われることはない。そうではなく、そこにあるほかの経路探索システムを強化するために使われる）。アイコン、ラベリングシステム、タイポグラフィーもその他の情報デザインシステムであり、ユーザーが自分の現在地（you are here）の感覚を持ちやすくなるように

使われることもある。

ワイヤーフレーム

　ページレイアウトは、情報デザイン、インターフェースデザイン、ナビゲーションデザインがひとつになって、凝縮した骨格を形成する場だ。ナビゲーションシステムにはさまざまなものがあり、それぞれが異なったアーキテクチャの視点を伝えるためにデザインされているが、ページレイアウトはそれらすべてのナビゲーションシステムを組み合わせなければならない。そのナビゲーションシステムとは、以下のものである。ページの機能性で求められるインターフェース要素全般、およびその両方をサポートする情報デザイン、そしてページコンテンツ自体の情報デザインである。

　どれも一度にバランスをとるには、かなりの量がある。だからこそ、ページレイアウトは、ページの概略図、すなわち**ワイヤーフレーム**と呼ばれる文書に細かく取り上げられているのだ。ワイヤーフレームはページ上の全要素と、それらがどう一体化するかを説明したベアボーン描写（その名前どおり、必要最低限の描写）なのだ。

▶ワイヤーフレームは骨格上の決定事項をすべて記録する。これはビジュアルデザイン作業やサイト導入のリファレンスとして役立つ。ワイヤーフレームにどれくらい細かいレベルが含まれるかはさまざまであって、この例はかなりあっさりしている。

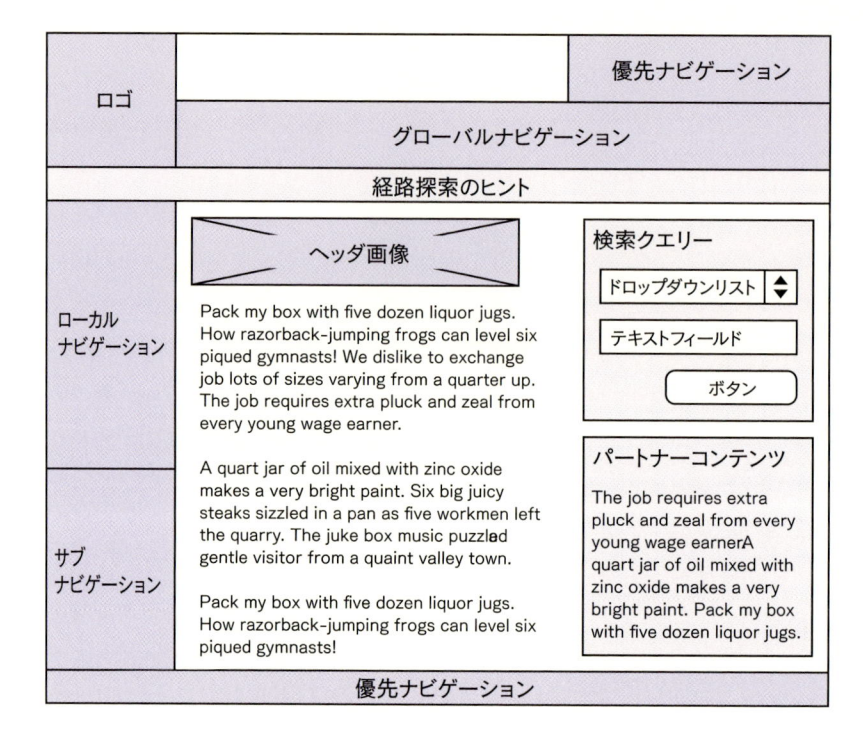

		優先ナビゲーション
ロゴ		
	グローバルナビゲーション	
	経路探索のヒント	

ローカルナビゲーション	ヘッダ画像	検索クエリー
		ドロップダウンリスト
	Pack my box with five dozen liquor jugs. How razorback-jumping frogs can level six piqued gymnasts! We dislike to exchange job lots of sizes varying from a quarter up. The job requires extra pluck and zeal from every young wage earner.	テキストフィールド
		ボタン
サブナビゲーション	A quart jar of oil mixed with zinc oxide makes a very bright paint. Six big juicy steaks sizzled in a pan as five workmen left the quarry. The juke box music puzzled gentle visitor from a quaint valley town.	パートナーコンテンツ
	Pack my box with five dozen liquor jugs. How razorback-jumping frogs can level six piqued gymnasts!	The job requires extra pluck and zeal from every young wage earnerA quart jar of oil mixed with zinc oxide makes a very bright paint. Pack my box with five dozen liquor jugs.

優先ナビゲーション

　このシンプルな線画は、たいていかなりの注釈がつけられる。必要に応じてアーキテクチャダイアグラムやその他のインタラクションデザイン文書、コンテンツ要求や機能仕様書、または、その他の種類の詳しい文書を読者は参照できる。たとえば、特定の既存のコンテンツ要素について述べているワイヤーフレームでは、どこにそのコンテンツ要素があるかアドバイスを提供しているかもしれない。さらに、ワイヤーフレームには補足のメモが含まれている場合が多い。そのメモにはワイヤーフレームやアーキテクチャダイアグラムを見ただけでは明確でないサイトの振舞いが述べられていたりする。

いろいろな意味で、構造段階で見たアーキテクチャダイアグラムは、プロジェクトの壮大なビジョンだった。ここ骨格段階では、ワイヤーフレームはどのようにそのビジョンが満たされるかだけを示す、詳細な文書だ。総合的なナビゲーションの仕様がワイヤーフレームを補足するときもある。この場合、さまざまなナビゲーションの要素それぞれの正確な構造がより詳しく表現される。

小規模なサイトやそれほど複雑でないサイトでは、ワイヤーフレームがひとつあれば、構築するすべてのページのテンプレートとして十分だ。しかし、多くのプロジェクトでは、複数のワイヤーフレームが必要になる。意図した結果の複雑さを伝えるためにはひとつでは足りないのだ。とはいえ、サイトの1ページごとにひとつのワイヤーフレームを作る必要はないだろう。アーキテクチャ的プロセスでは、コンテンツ要素を幅広いクラスに分類した。これとちょうど同じように、ワイヤーフレーム開発では、比較的少数の標準的なページタイプが明らかになってくる。

ワイヤーフレームは、サイトのビジュアルデザインを正式に確定する上で必要不可欠な最初のステップだ。しかし、開発プロセスに関わるほぼすべての人が、どこかの段階でワイヤーフレームを使用する。戦略の責任者、要件の責任者、構造の責任者はワイヤーフレームを参照して、最終製品が自分たちの期待を満たしてくれることを確認する。実際にサイトを構築する責任者は、ワイヤーフレームを参照して、「サイトがどのように機能するべきか」という質問に答える。

ユーザーエクスペリエンス開発の分野が成長し、発展するにつれて、ワイヤーフレームに対しての責任は組織内部の縄張り争いのようなことになっている。ウェブ開発チームは「情報アーキテクト」と「デザイナー」のために明確な役割（ときには部門まるごと）があるという点で、しっかりと区分されていることもある。

ワイヤーフレームは、情報アーキテクチャとビジュアルデザインがひとつになる場であり、論議と論争の場だ。情報アーキテクトは「ワイヤーフレームを作成したデザイナーは、アーキテクチャをナビゲーションシステムの背後に隠してしまった。そのナビゲーションシステムには、アーキテクチャを基礎とした原則が反映されていない」と文句を言う。ビジュアルデザイナーは「僕たちが情報デザインの問題に対してビジュアルコミュニケーション面での経験や専門的知識を持ち込んだのに、情報アーキテクトが作成したワイヤーフレームは、それらを無駄にして機械的に描かれている」と文句を言う。

情報アーキテクトとデザイナーが別のときは、お互いが協力することが、よいワイヤーフレームを作成する唯一の方法だ。ワイヤーフレームの細部を一緒に成し遂げていくプロセスは、お互いが別の視点から問題を見られるようになり、未解決の問題をプロセスの早い段階で明らかにしていくのに役に立つ（後から明らかになるのではいけない。サイトが構築された後で、みんなが「なぜ計画通りに機能しないのだろう」と思うのでは遅すぎる）。

これらを考えると、ワイヤーフレームはかなりの作業量があるように聞こえる。しかし、必ずしもそうではない。文書化の作業には終わりはないが、文書化自体が、終わりのための手段なのだ。文書の作成それ自体は、まったく時間のムダではない（逆効果を生じたり、がっかりさせられたりすることもあり得るが）。ニーズに応じた、適切なレベルの文書を制作できれば、文書化という作業を「問題」から「利点」へと変化させる（「もっと低いレベルの文書化でも十分だった」と自分を欺かないように）。

僕がこれまで作業してきた中でもっとも成功といえるワイヤーフレームには、鉛筆でのスケッチに付箋をつけただけというものもあった。デザイナーとプログラマーが隣同士に座っている程度の小さなチームなら、文書化のレベルはこれで十分だ。しかしプログラミングの責任を持つのが1人の人物ではなくチームであるというのなら——そしてそのチームは世界の反対くらい

遠くにいるのなら——もう少し形式的な文書化が求められるだろう。

　ワイヤーフレームの価値は、構造段階での3つすべての要素を一体化することにある。その3つ要素とは、ひとつがインターフェース要素の配置と選択を通じた、インターフェースデザイン。もうひとつはコアなナビゲーションシステムの識別を通じたナビゲーションデザイン。最後のひとつが情報要素の配置と優先順位づけを通じた情報デザインだ。この3つすべてをひとつの文書にまとめることにより、ワイヤーフレームはビジュアルデザインへの道を示しながら、概念的な構造の上に構築される骨格を定義できるのだ。

書籍の紹介

Fleming, Jennifer. Web Navigation: Designing the User Experience. O'Reilly, 1998 年

Spolsky, Joel. User Interface Design for Programmers. Apress, 2001 年

Tufte, Edward. Envisioning Information. Graphics Press, 1990 年

Veen, Jeffrey. The Art & Science of Web Design. New Riders, 2000 年
邦訳：『戦う Web デザイン—制約は創造性をはぐくむ』
ジェフリー・ヴィーン（原著）、長谷川憲絵（翻訳）、エムディエヌコーポレーション、2001 年

ウェブリソース：www.jjg.net/elements/resources/

THE SURFACE PLANE

CHAPTER 7
表層段階

VISUAL DESIGN
ビジュアルデザイン

5つの段階モデルの一番上では、サイトでユーザーがいちばん最初に気がつくところ、ビジュアルデザインに注目していく。ここでは、コンテンツ、機能性、美しさが協力し合い、他の4つの段階で掲げた目的を満たすようなデザインを完成させる。

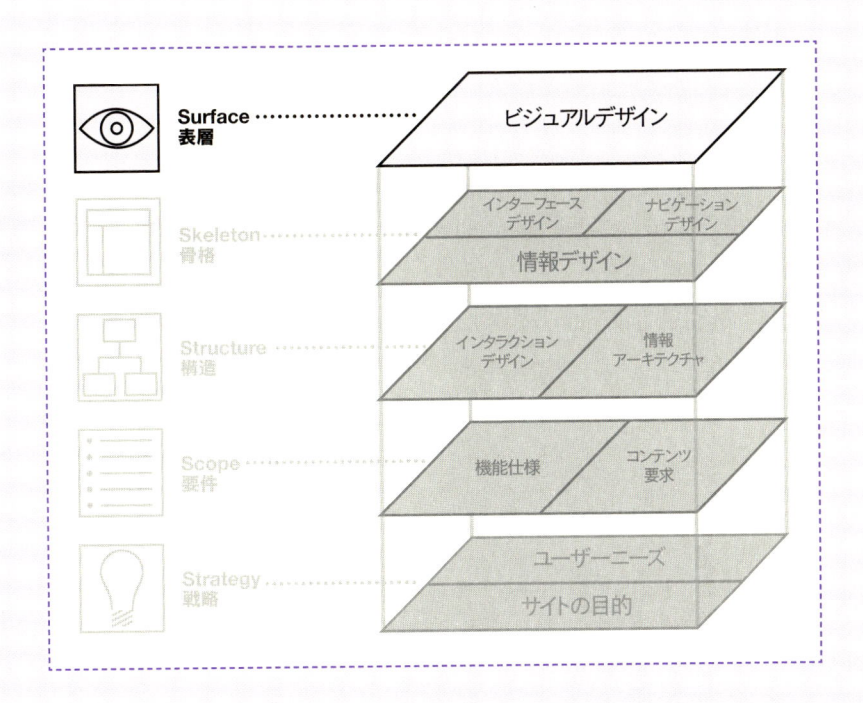

表層を定義する

骨格段階では、主に配置を取り扱っていた。インターフェースデザインが関係するのは、インタラクションを可能にする要素の配置である。ナビゲーションデザインが関係するのは、ユーザーがサイトを動き回ることを可能にする要素の配置である。そして情報デザインが関わるのはユーザーに情報を伝達するための要素の配置である。

一段階上の表層段階では、論理的な配置を視覚的に表現していく。論理的な配置で骨格段階を完璧なものにしていくのだ。たとえば、情報デザインでは、「ページの情報要素をどのようにグループ分けし、配置するべきか」を決定した。**ビジュアルデザイン**では、「その配置は視覚的にどのように見せるべきか」を決める。

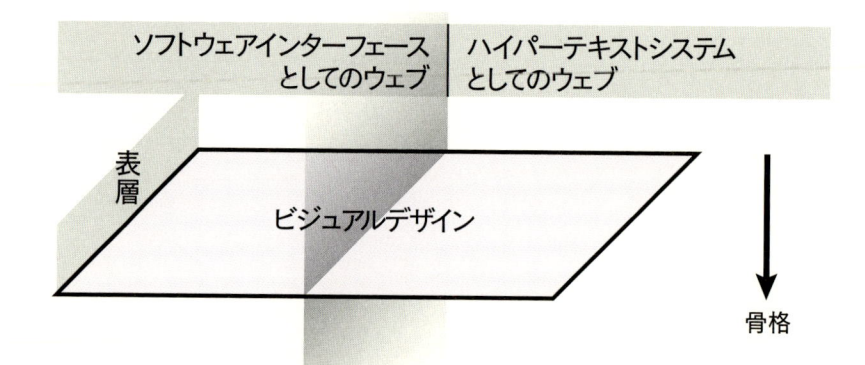

「ビジュアルデザインは、単に美的感覚の問題だろう」と最初は考えるかもしれない。人の好みはさまざまで、「視覚的に魅力あるデザインにするには何が必要か」についても、みんな違う意見を持っている。だから、デザイン決断の論争は、「結局は個人的な好みだ」というところに落ち着いてしまう——そうではないだろうか？　まあ、確かにみんな美的感覚については違うセンスを持っている。けれど、だからといってデザイン決定時に「関係者全員がかっこいいと思うもの」を基本にする必要はない。

　ビジュアルデザインの評価は、どれだけうまく機能するかに注目するべきだ。美的に優れているかどうかだけで評価してはならない。
「下の各段階で定義した目的を、デザインがどれだけ効果的にサポートしているか？」「サイトの見た目のせいで、構造が損なわれてはいないか——アーキテクチャのセクションはわかりにくくはないか、あるいは曖昧になってはいないか？」「ビジュアルデザインはユーザーが使えるオプションを明確にしていて、構造を強化しているのか？」

　ウェブサイトの一般的な戦略目標は、一例を挙げると「ブランドアイデンティティの伝達」がある。ブランドアイデンティティは、使用する言葉や、サイトの機能性でのインタラクションデザインなど、さまざまな面で現れる——しかし、ブランドアイデンティティを伝える上で、主要な道具となるのがビジュアルデザインだ。もしあなたのサイトが「テクニカルで権威がある」というアイデンティティを伝えたいのなら、マンガ文字を使ったり、明るいパステルカラーを使うのは、おそらく間違っている。これは美的な問題だけではなく、戦略の問題なのだ。

視線の動きに従う

　サイトのビジュアルデザインを評価する単純な方法は、こう質問することだ。「まず視線が行くのはどこか?」「最初にユーザーが注意を引かれるのは、デザインのどの要素か?」「ユーザーの注意は、サイトの戦略目標上重要な部分に向けられているか?」「ユーザーが最初に注目するものは、ユーザーの（あるいはあなたの）目的を邪魔しないか?」

　被験者がどこを見ているのか、視線がページ上をどのように動くのか正確に検査するために、研究者は**アイトラッキング**（eyetracking：視線追跡）という高性能の装置を使用することがある。しかし、ページのビジュアルデザインを微調整しているだけなら、単純に人々に尋ねるだけで十分だろう。自問するだけでもよいかもしれない。このアプローチでは、もっとも正確な結果は得られないだろうし、アイトラッキングでしか把握できないようなニュアンスを得ることも無理だろう。しかし、ほとんどの場合は、単に質問をするだけで十分なのだ。目立つデザイン要素を見つける方法は他にもある。目を細めてページを見たり、細部がわからないように視点をぼかしてみればよい。または、部屋の端まで行って、そこからページを見てもよいだろう。

　そして、どこに視線が向けられるのか、確認する。もし自分が被験者としてページを見ているのなら、無意識に視線がページのどこに向くのか、注意してほしい。何を見ているかについて考えすぎてはいけない。自然にまかせ、ページを見てみよう。誰かが被験者になっているのなら、注意を引かれた順番に、ページの要素を口に出して言ってもらおう。

　一般的に、ページ上での人々の視線の動きには、一貫したパターンがある。結局、概して無意識で直感的な視線の動きになるのだ。もし被験者が他の人々とはまったく異なるパターンを示したら、おそらくその被験者は自然な視線の動きに気がついていないか、あなたが期待する答えを言っているのだろう

（両方かもしれない）。

　もしデザインがうまくいっていれば、ユーザーの視線がページ上を動くパターンには重要な特色が2つある。

- ▶ 1つ目は、スムーズな流れだ。人々がデザインが「ごちゃごちゃしている」とか「乱雑だ」とコメントした場合、そのデザインでは人々の視線をスムーズに導けないということがわかる。主張する要素が多すぎて、被験者の視線はスムーズに動けず、さまざまな要素を行ったり来たりする。

- ▶ 2つ目は、ユーザーが利用できることを「ガイドツアー」として提供しており、細かいことでユーザーを圧倒していないということだ。いつも同様、ここでできることはユーザーが達成しようとしている目的やタスクをサポートするものであるべきだ。より重要なのは、ユーザーが目的を満たすために必要とする情報や機能を、ここにあるものが邪魔しないことなのかもしれない。

　ページ上でのユーザーの視線の動きは、偶然生じるものではない。視覚的な刺激に対する直感的反応が複雑に絡み合った結果なのだ。この直感的反応はすべての人類が有するもので、深く僕たちの身に染みついている。僕たちデザイナーにとって幸運なことに、これらの反応はまったく僕たちがコントロールできないわけではない。何世紀もの時を経て、視線を引きつけ導くための効果的なビジュアルテクニックを発展させてきたのだ。

▶視覚的に偏りがないレイアウトでは、何も目立たない(左上)。コントラストを使ってユーザーの視線を導いたり(右上)、2、3個の重要な要素に注目させたりする(左下)。コントラストを使いすぎると、乱雑な見た目になる(右下)。

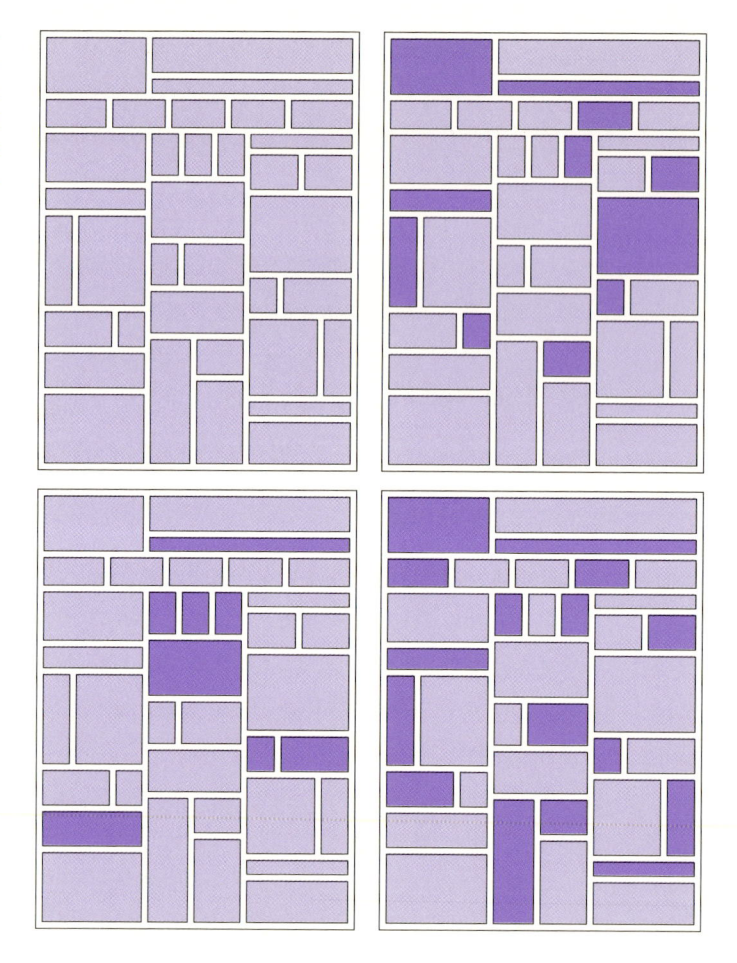

コントラストと均一性

　ビジュアルデザインで、ユーザーの注意を引きつけるために使う主要なツールが**コントラスト**だ。コントラストのないデザインは特色がなく、のっぺりとした塊として見られる。そのためユーザーの視線はとくに何かに留まることなく、漫然とページを見回すことになる。インターフェースの重要な箇所にユーザーの注意を引きつけるためには、コントラストが欠かせない。

コントラストがあると、ユーザーはページ上のナビゲーション要素同士の関係を理解しやすくなる。また、コントラストは情報デザインの概念的まとまりを伝達する上でも基本的な手段なのだ。

デザインの中に他と異なる要素があると、ユーザーそこに注意を払う。注意を払わずにはいられないのだ。この本能的な振舞いを利用して、ユーザーが本当に必要な部分をページの他の要素よりも目立たせればよい。ウェブインターフェースのエラーメッセージは、ページの他の部分に紛れてわからなくなってしまうことがよくあるが、テキストの色を変えるなどして（たとえば、赤など）エラーメッセージを目立たせたり、派手な画像で強調したりすれば、違いを出すことができる。

しかし、この戦略を成功させるには、ユーザーが見て「このデザインの違いは、何かを伝えようとしているのだ」とはっきりわかるようでなければいけない。2つの要素のデザイン的な扱いが、似ているのに微妙に違っていると、ユーザーは混乱してしまう。「なんでこの2つは違っているんだろう？ 同じものなのだろうか？ もしかしたら何かの間違いかもしれない。いや、僕がここで何かに気がつかないといけないのか？」ユーザーを混乱させるのではなく、ユーザーの注目を集め、その違いが意図したものだと示したい。

ユーザーを混乱させたり、圧倒させることなく、効果的にデザインをユーザーに伝達するためには、デザインに**均一性**をもたせることが重要だ。均一性はビジュアルデザインのさまざまな場面で活躍する。

要素のサイズを均一に保つと、新しいデザインでそれが必要となったときに、要素を統合しやすくなる。たとえば、ナビゲーションで使用するすべての画像ボタンが同じ高さなら、必要に応じて組み替えてもぴったり合うので、レイアウトが乱雑になる心配がない。また、新しく画像を作成する必要もない。

グリッドベースレイアウトは印刷デザインからウェブへと効果的に引き継がれたテクニックだ。このアプローチだと、「マスターレイアウト」を通じて均一性が確実に保たれる。マスターレイアウトはレイアウトのバリエーションを作る際のテンプレートとして用いられる。すべてのレイアウトがグリッドをひとつ残らず使うわけではない。実際、ほとんどのレイアウトはほんの2、3個のグリッドしか使用しないだろう。しかし、グリッド上に配置された要素は、すべて均一であり一貫性がある。しかし、ウェブブラウザはテキスト要素のサイズを完璧にコントロールできるわけではないため、ウェブにグリッドを適用するのは、必ずしも印刷デザインでグリッドを適用することほど単純とは限らない。

▶レイアウトをガイドするためにグリッドを作成すると、一貫性を犠牲にすることなく、均一性を維持できる。

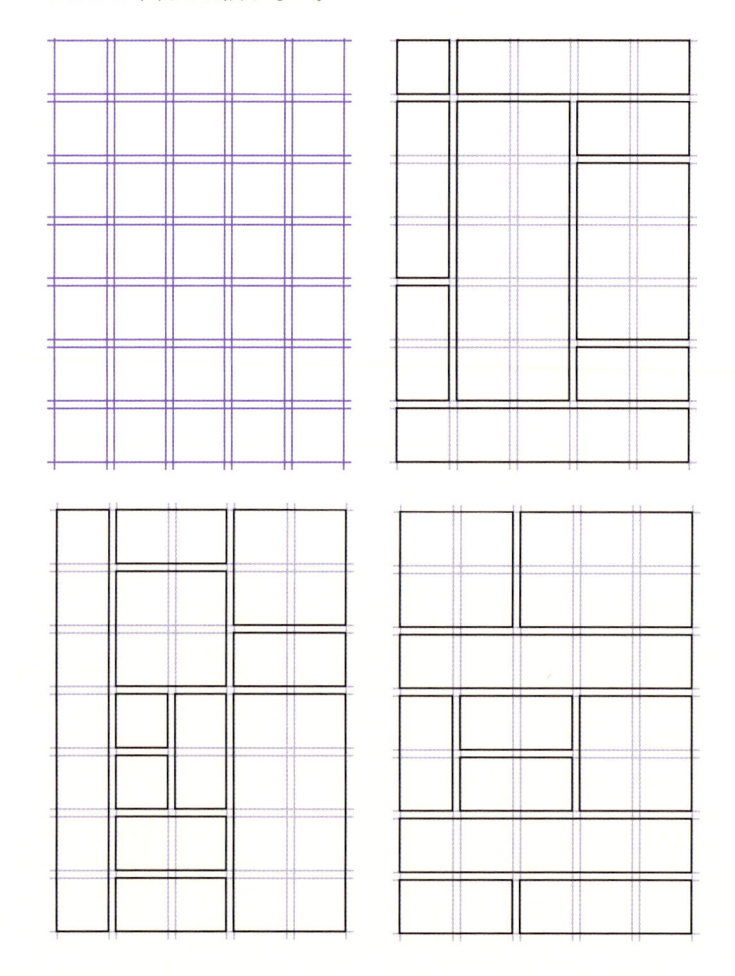

ここで陥りがちな罠がある。「グリッドの存在に固執してしまう」という罠だ（グリッドだけでなく、均一性のために用いるルールでも）。固執したところで役立たないことがはっきりしていても、そうなってしまうのだ。デザインの規則がない、無秩序な作業はよくないが、ニーズに対して不適切な規則に束縛されるのはさらに悪い。グリッド作成時には誰も思いもよらなかったような、新しい機能がサイトに追加される場合もある。最初からグリッドがまったく役立っていなかった場合もあるだろう。理由が何であっても、デザインシステムの基本に立ち返るタイミングに気づけることが重要だ。

サイト内部の一貫性と外部との一貫性

ウェブサイトの作られ方は、ばらばらであったり、臨時的であったり、組織で進行中の他のデザイン作業とは孤立していたりする。そのせいで、ビジュアルデザインの一貫性が失われやすいという問題に悩まされている。この問題には、2つの側面がある。

- ▶ 1つ目として、サイト内部の一貫性の問題がある。これは、サイトの部分によって、違うデザインアプローチが反映されてしまっている状態を指す。

- ▶ 2つ目として、外部との一貫性の問題がある。これは、同じ組織内なのに、他の製品に対するデザインアプローチと、サイトに対するデザインアプローチが違っている状態を指す。

サイト内部の一貫性に対する解決策は、サイトの骨格に戻ってみるとよい。サイト上のさまざまなインターフェース・ナビゲーション・情報デザインの問題を見て、それぞれのコンテクストで、繰り返し出てくるデザイン要素を認識しよう。これらの異なるコンテクストから各デザイン要素を取り除くと、より小さなスケールで、解決しようとしている問題を明確にできる。コンテクストから生じる大規模なスケールの問題に気をとられずにすむのだ。ひとつの要素を切り離してじっくり検証し、デザインを一回やってみて、それをサイト全体に使用する。そのほうが、同じ要素を何回も何回もデザインするよりもよい。

そうしたアプローチが明確に機能するには、異なるコンテクストで出てくる要素に対しての自分たちの作業を、さらにチェックしてみなければいけない。大きくて丸い、赤の「STOP」ボタンは、会計ページではうまく機能するかもしれない。だが、いろいろ込み入った製品カスタマイズ用ページではあまり効果的ではない可能性がある。いちばんよいアプローチは要素をひとつひとつ切り離してデザインし、そのデザインをさまざまなコンテクストで試してみて、必要に応じて作業をやり直すことだ。

デザイン要素の大部分は、他の要素とは切り離して作成される。だが、それらは一緒になってもうまく機能するようでなければならない。デザインが成功している、というのは、こじんまりと上手にデザインされたオブジェクトがただ集まればよいのではない。集まったオブジェクトがひとつとしてまとまり、一貫性を持つ**システム**を形成しなければいけない。

これまでもサイト内部の一貫性に関する問題は、頻繁に発生している。これは、ウェブサイトを制作する企業IT部門が一般的に企業のビジュアルデザイン標準を知らない（そして触れることもない）からだ。初期のころは、新しいメディアでのデザインには技術的限界があり、溝は深まるばかりだった。マーケティング部門は、印刷と放送メディアのデザインを自在にコントロールすることに慣れており、「自分たちのリソースを使うにはウェブデザインはあまりに原始的だ」として、基本的に無関係であるとしていた。そこで取り残されたIT部門は、新しいメディアの限界に徐々に適応できるようになり、自分たち独自のデザイン標準を発達させたのだった。

　しかし、今日では、マーケティング部門の大部分は企業のウェブサイトの見た目に対してより直接コントロールする力を持っている。また、技術が発展し、デザインテクニックが洗練したことによって、ウェブサイトはかつてなく印刷や放送などに近づいてきた。結果として、ウェブ以外のメディアと、ウェブサイトの見た目は類似性が高くなってきた。ウェブサイトの見た目が他のメディアと根本的に食い違うことは、ますます少なくなっている。

　「他のメディアでできることは、なんでもウェブサイトでできる」とは、まだ言えない。しかし、オンラインのスタイルとオフラインのスタイルを可能な限り揃えると、かなりの価値を得ることができる。これは決して「スタイルが完璧に同じでなければならない」ということではない。そうではなく、どちらも同じ効果を持つように築くべきだということだ。

さまざまなメディアでデザインが一貫していると、「ブランドアイデンティティに統一感がある」と閲覧者（顧客、見込み客、社員、あるいは一見さん）に印象づけることができる。ブランドアイデンティティを一貫させる取り組みは、すべてのページに出てくるナビゲーション要素から、一度しか出てこない地味なボタンまで、サイトのあらゆるレベルで展開できる。

ウェブサイトのスタイルが、他のメディアと合っていない場合、悪影響を受けるのは「閲覧者がサイトに対して抱く印象」だけではない。「企業全体としての印象」にまで影響するのだ。アイデンティティがはっきり定義された企業に対して、人々は肯定的な態度を示す。視覚的なスタイルに一貫性がないと、はっきりした企業イメージがぼやけてしまい閲覧者は「あれはどこの会社だったんだろう」という印象を持ったままサイトを去ることになる。

カラーパレットとタイポグラフィー

ブランドアイデンティティを伝える上で、「色」はもっとも効果的な手段になりうる。ブランドの中には、色とイメージが深く結びついていて、企業について考えるとどうしてもその色が浮かんでくる、というものもある。たとえば、コカコーラやUPS、コダックなどがそうだ。これらの企業は特定の色（赤、茶、黄）を長い間一貫して採用している。そして人々の心により強いアイデンティティ感覚を作り上げている。

▶訳注：USPは国際的な大手宅配業者。茶色がブランドカラー。

かといって、「その1色だけしか使わない」いうことではない。企業の資料などすべてのものに使われる色は、より幅広い**カラーパレット**から選ばれている。核となるブランドカラーはカラーパレットの一部である。企業の標準パレットにある色は「組み合わさったときにどれだけうまく機能するか、ぶつかり合うことなく補足し合えるか」を考慮して選ばれている。

カラーパレットには、幅広いユーザーに対して適する色を組み込むべきだ。たいていの場合は、明るい色や濃い色はデザインの前面（注意を引きつけたい要素）に使用される。控えめな色は、背景要素（飛び出してくる必要がない要素）に使ったほうがよい。ある範囲から色を選べるということは、より効果的にデザイン上の選択をするためのツールキットが提供されているということだ。

　コントラストと均一性はビジュアルデザイン以外の領域でも重要であったが、カラーパレットを作成する上でも不可欠な役割を持っている。「非常に近いが微妙に違う色」を同じコンテクストで使うと、カラーパレットの効果を損ねてしまう。だからといって、「赤はこの濃さの赤だけ、青はこの濃さの青だけ使用せよ」ということではない。異なる濃さの赤を使いたければ、ユーザーがその違いを十分見分けられるくらいに異なった色にするべき、ということだ。そして、それぞれの色を一貫性のある方法で使い分けなければいけない。

　企業の中には、**タイポグラフィー**（フォントや字面を使って、特定の視覚的な効果を作り出すこと）に力を注いでいるところもある。タイポグラフィーがブランドアイデンティティにとって非常に重要なので、自社専用に特別な書体を作成していたりする。アップルコンピュータからフォルクスワーゲンやロンドンの地下鉄まで、さまざまな組織がカスタマイズしたタイポグラフィーを使用しており、より強いアイデンティティを伝えている。あなたは「タイポグラフィーを特別に作ることはしない」と決めるかもしれないが、それでもビジュアルデザインでアイデンティティを伝える上で、字面が効果的な役割を果たすことに変わりはない。

▶アップルコンピュータ同様、たくさんの企業が一貫したタイポグラフィーを使用している(ウェブ上でも、他のメディアでも)。そうすることで、一貫性のあるブランドイメージを伝達している。

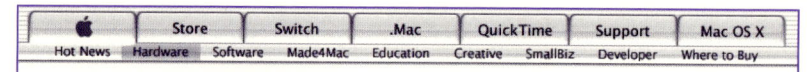

コンピュータスクリーンの解像度には限りがあるので、字面の中には「紙の上で問題なく読めるが、ウェブサイトでは読みにくい」というものもある。このため、読みにくい Arial や Times New Roman などのような「デフォルト」のフォントよりも、スクリーン上で読みやすいようにデザインされた字面（たとえば Microsoft のフォントでは Georgia や Verdana）のほうが、ますます好まれるようになってきている。

◀訳注：日本語環境では、フォントの選択肢はもっと限られてしまう。現状、Windows と Macintosh の間だけを考えても、デフォルトでインストールされる共通の日本語フォントはない。一般的には、「ＭＳ Ｐ ゴシック」などのゴシック体の方が、「ＭＳ Ｐ 明朝」などの明朝体よりもオンラインでは読みやすいとされる。

　大きめのテキスト要素や、ナビゲーション要素に出てくる短いラベルには、すこし個性を持った字面が適している。しかし僕たちの目的の中には「乱雑な見た目でユーザーを圧倒しないこと」があるし、使用するフォントの種類を無駄に増やす（または、フォントの種類が少なくても、一貫性のない方法で使う）と、「ごちゃごちゃしている」という感覚に結びついてしまう。たいていの場合、ほんの一握りのフォントがあれば、コミュニケーションのニーズを満たすには十分だ。

　字面を効果的に使うための原則は、ビジュアルデザインの他の面と同じである。「非常に似ているが微妙に違うスタイルは使わないこと」、「伝えようとしている情報の違いを表すためだけに違うスタイルを使うこと」、「ユーザーの注意を引きたいスタイルがあったら、必要に応じて、他のスタイルと十分なコントラストをつける。ただし、あまりに多様なスタイルでデザインに負担をかけすぎないこと」などだ。

デザインカンプとスタイルガイド

　ビジュアルデザイン領域で、ワイヤーフレームにいちばん類似しているのがビジュアルモックアップ、すなわち、**デザインカンプ**だ。「カンプ（comp）」というのは composite（構成物）の略である。どんなものかというと、選んだ要素で組み立てた製品の完成をビジュアル化したものである。このカンプでは、すべての部品がひとつの凝縮体としていかに機能するかを示している。言い換えると、もしまとまって機能していなければ、どこで破綻が生じるかを示すことができる。そして、何らかのソリューションを考慮しなければならない制約も示される。

　ワイヤーフレームの要素とデザインカンプの要素には、単純な1対1の関係が見られるようでなければならない。カンプのレイアウトは、ワイヤーフレームのレイアウトに忠実ではないかもしれない——たいていの場合、忠実にはならないだろう。ワイヤーフレームはビジュアルデザイン上の問題を考慮せず、骨格の文書化に集中している。デザインカンプに体当たりする前にワイヤーフレームを構築しておくと、まず骨格の問題だけを見ることができ、その後どのように表層的な問題が出てくるか理解できる。しかし、ワイヤーフレームの概念面（とくに情報デザイン関連）はデザインカンプですぐわかるくらい明らかになっているべきだ。ワイヤーフレームでの配置には正確に従っていないかもしれないけれども。

　下してきたデザイン上の決断を最終的に文書化したものは、**スタイルガイド**と呼ばれる。この文書では、ビジュアルデザインのあらゆる面が定義される（最大のスケールから、最小のスケールまで）。サイトのすべてのページに影響を及ぼすようなグローバルの標準（たとえばデザイングリッド、カラーパレット、タイポグラフィーの標準、ロゴの扱いのガイドライン）は、通常、スタイルガイドを始める第一歩となる。

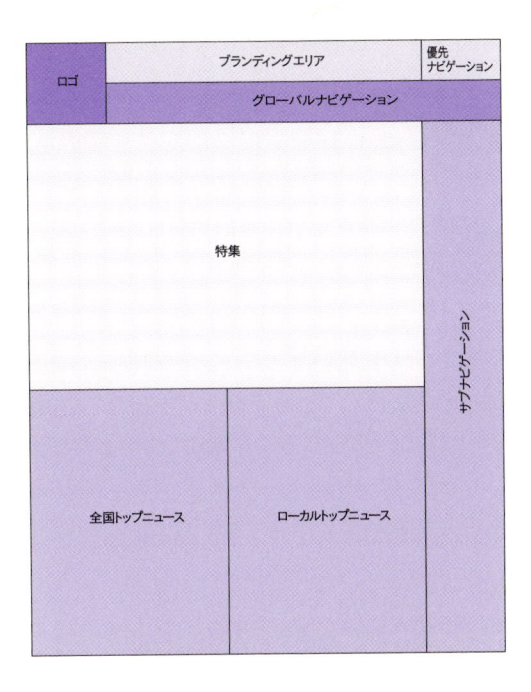

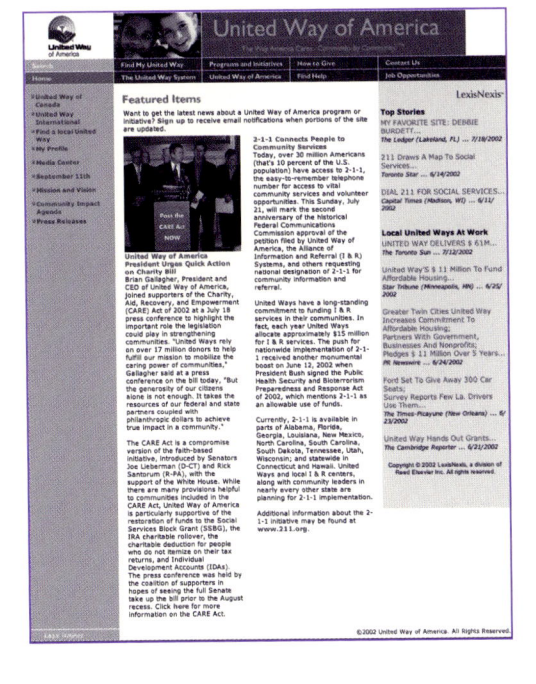

◀ ビジュアルデザインは、必ずしもワイヤーフレームに正確に一致していなくてもよい。ビジュアルデザインでは、ワイヤーフレームに出てくる要素の相対的な重要度と、それら要素のグループ分けが明らかになっていればよい。

スタイルガイドには、サイトの特定のセクションや機能に特化した基準も含まれるだろう。場合によっては、スタイルガイドに文書化された標準は、個別のインターフェース要素やナビゲーション要素のような、細かいレベルまで説明されている。スタイルガイド全体としての目的は、「将来、人々がスマートな決断をするのに十分な詳細情報を提供する」ということだ（なぜなら、すでに必要な検討作業は済んでいるのだから）。

もちろん、この文書化はかなり大変な作業だ。しかし、それにはそれなりの理由がある。時間がたてば、自分たちが下した決断の理由は記憶から徐々に消えていってしまうからだ。また、特定の状況下でのある問題に取り組むためになされたその場しのぎの決断と、将来のデザイン作業の基盤を築くために下した決断とが混同されてしまうからでもある。

デザインシステムを文書化するもうひとつの理由は、結局、人は仕事を辞めてしまう、ということがある。辞めるとき、「どのようにサイトはデザインされていて、日常ベースでいかに構築されているか」について豊富な知識を持ったまま、人は去っていく。最新の状態に更新されたスタイルガイドがなければ、その知識は失われてしまうのだ。時が過ぎれば人々の役職も変わる。物事のやり方や決断を下した理由が、企業の他の部門へ、人とともに流れ出てしまうにつれ、徐々に組織全体が記憶喪失のような状態に苦しむようになってしまうのだ。

スタイルガイドを作成すると、分権的な組織でもデザインの一貫性を保つのに役に立つ。もしあなたのウェブ運営が、多種多様な独立したプロジェクトから成る場合を考えてほしい。そのプロジェクトを主導し、作業する人々は、世界中に散在しているオフィスにいるとする。その場合、サイトのスタイルと標準は不揃いになりやすい。これらすべての人々に、統一された標準に従ってもらうのはかなり大変だが、だからこそデザインスタイルガイドを実施する責任は、組織の中で思ったよりも高い位置にあったりするわけだ。

これらの異なるプロジェクトすべてのニーズを受け入れ、単一のスタイルガイドを策定するのは大仕事だ。しかし、不可能ではない。それに、ウェブサイトを「追加部品の寄せ集め」ではなく、「首尾一貫したまとまり」として見せるには、もっとも効果的な方法だ。

書籍の紹介

Kevin Mullet, Darrell Sano. Designing Visual Interfaces: Communication Oriented Techniques,Prentice Hall, 1994 年

Williams, Robin. The Non-Designer's Design Book. Peachpit,1994 年
邦訳:『ノンデザイナーズ・デザインブック』
ロビン・ウィリアム（原著）、吉川典秀（翻訳）、毎日コミュニケーションズ、1998 年

Web リソース：www.jjg.net/elements/resources/

THE EMELENTS APPLIED

CHAPTER 8
段階の適用

どんなに大規模なサイトでも、ユーザーエクスペリエンスの要素は一貫していなければいけない。しかし、要素の背後にあるアイデアを実現することは、それだけでかなりの難題になる可能性もある。これは時間とリソースだけの問題ではない。心がけの問題である場合がほとんどだ。

　5つの段階——戦略、要件、構造、骨格、そして表層——を振り返ってみると、どれもかなりの作業のように思われる。確かに、そうしたあらゆる細部に注意を払えば、開発の時間は何ヶ月もかかるだろうし、十分に訓練された専任者の精鋭軍が必要になるのは間違いない。そう思っているのではないだろうか？

　ところが、必ずしもそうではない。確かに、プロジェクトや組織によっては、「扱うのが複雑すぎて、専任のチームを雇わないと仕事をまかせられない」ということがあるのも事実だ。また、専任者はユーザーエクスペリエンスを完成させる部分に特化して集中できるので、こうした問題をより深く理解できて、作業を進めることができる。しかし、たいていの場合は、リソースが限られた小さなチームでも同じような結果を得ることができる。ときには、ほんの数人のグループなのに、大きなチームよりも優れた結果を出すこともあるのだ。

```
ソフトウェアインターフェース  | ハイパーテキストシステム
としてのウェブ            | としてのウェブ
```

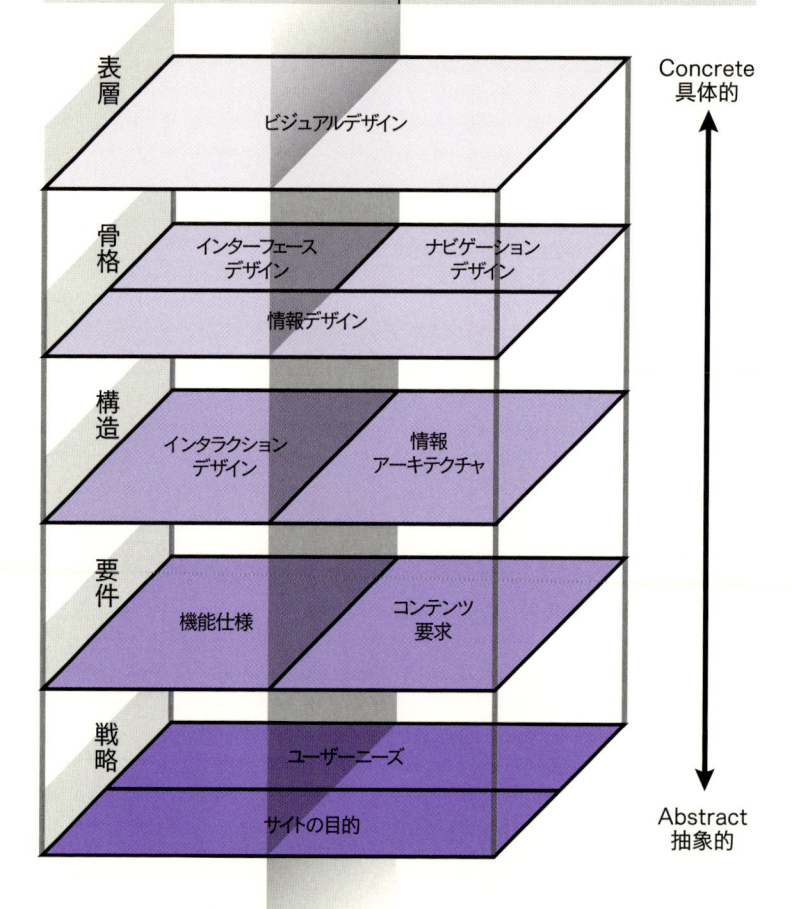

表層 — ビジュアルデザイン

骨格 — インターフェースデザイン / ナビゲーションデザイン / 情報デザイン

構造 — インタラクションデザイン / 情報アーキテクチャ

要件 — 機能仕様 / コンテンツ要求

戦略 — ユーザーニーズ / サイトの目的

Concrete 具体的 ↕ Abstract 抽象的

ユーザーエクスペリエンスを作り上げるとは、「解決すべき非常に些細な問題」を大量に集めるようなものだ。成功するアプローチと、失敗するアプローチとの違いをまとめると、結局は以下の2つになる。

▶ **「解決しようとしている問題は何か」を理解すること**
　ホームページ上の巨大な紫色のボタンが問題だとして、その問題に取り組んできたとしよう。変えなければいけないのはボタンの大きさと紫色なのか（表層）？それとも、ボタンがページ上の不適切な場所に配置されているのか（骨格）、ボタンが表している機能が、ユーザーの期待通りに機能していないのか（構造）？

▶ **「その問題に対しての解決策が、どのような結果をもたらすのか」を理解すること**
　どんな決断でも、上下の要素に「波及効果」がありうることを思い出してほしい。サイトのある部分では、非常にうまく機能するナビゲーションデザインがあるとしよう。しかし、そのナビゲーションデザインをアーキテクチャの他のセクションに適用したら、そこでのニーズはあまりきちんと満たせないかもしれない。製品選択ウィザード用のインタラクションデザインは革新的なアプローチかもしれないが、テクノロジー恐怖症のユーザーが持つニーズを満たせるだろうか？

ユーザーエクスペリエンスを作り上げるために、これはあまりにも明らかなアプローチかもしれない。しかし、ユーザーエクスペリエンス開発プロセスを成り立たせているこまごましたことについて、まったく考えなしにどれだけ多くの決断が下されているかを知れば、驚くことだろう。たいていユーザーエクスペリエンスに関してなされた選択は、以下のシナリオのいずれかに分類される。

▶ **デフォルトに基づいたデザイン**

これは、基本的な技術や組織の構造に、ユーザーエクスペリエンスの構造が従うときに発生する。顧客の注文履歴と支払情報を別々のデータベースに保存するのは、既存の技術システムではうまく機能するかもしれない。しかし、だからといってユーザーの利用体験として、別々にしておくのはよい考えではない。同様に、企業の異なる部署からきたコンテンツも、別々にしておくより一緒にまとめたほうが、ユーザーにとってはうまく機能するかもしれない。

▶ **模倣によるデザイン**

これは、他のサイト・出版物・ソフトウェアなどで慣れ親しまれた慣例にユーザーエクスペリエンスが頼る場合に発生する。その慣例があなたのユーザーにとって（またはウェブそのものにとって）どれだけふさわしいかは関係がない。1990年代後半、グローバルナビゲーションの道具として、タブをあちこちにむやみにやたらと導入したことがこの現象の例である。

▶ **命令に従ったデザイン**

これは、ユーザーニーズやサイトの目的がユーザーエクスペリエンスについての決定を促すのでななく、個人的な好みがユーザーエクスペリエンスを動かしている際に発生する。もし、「カラーパレットがほとんどオレンジなのは、部長のひとりがオレンジ好きだからだ」とか、

「すべてのナビゲーション要素がドロップダウンメニューになっているのは、エンジニアのリーダーがドロップダウン好きだからだ」というのなら、そうした状況ではあなたは戦略目標を見失っている。あなたが下す決断を左右するのは、誰かの命令ではなく、戦略目標であるべきなのだ。

ひとつの例：検索エンジンの導入

検索エンジンは、おそらくウェブ上でもっとも一般的な機能だろう。誰もが何度も使ったことがあるだろうし、検索エンジンを提供していないサイトのほうが珍しくなってきている。しかし検索エンジンがどこにでもあるといっても、これらのシンプルなツールには非常に複雑なデザイン上の意志決定をしなければならない。もしうまく導入するつもりなら、ユーザーエクスペリエンスのあらゆる段階にわたって複雑な決断が必要になるのだ。

ほとんどのウェブサイトのあちこちに検索エンジンがあるのは、「検索エンジンは、特定の条件に一致したコンテンツを探せる」という能力を、人々がより理解するようになってきたことを反映している。この能力は、特定の閲覧者やコンテンツに関わらず、事実上、普遍的なユーザーニーズである。このユーザーニーズに取り組むことは、キーとなる**戦略**上の決定だ。

サイトのコンテンツ要求と機能仕様は「検索エンジンが何をユーザーに提供できるのか」という**要件**を指示している。もしコンテンツに関するメタデータを持つことがサイトの要求であるのなら、検索エンジンはユーザーに、そのデータをより活用できる能力を提供する。たとえば、特定の著者に限定して記事を検索できるようにしたり、特定の期間に発行された記事を検索できるようにするなどだ。もし、検索エンジン向けでないメタデータが部分的にあるのなら、機能仕様は「どのようなタイプの検索をユーザーは実行できるのか」を正確に詳しく述べることができる。

検索エンジンが実際に形を取り始めるのは、**構造**の課題（インタラクションデザインと情報アーキテクチャ）を考慮するときだ。検索機能のインタラクションデザインでは、「実際、どのようにユーザーが検索エンジンに働きかけるか」が決められる。もしかすると検索機能が非常に複雑で、ユーザーが検索結果を目にするまでには長々とした、構造化されたプロセスが必要になることもありうる。一方、あなたはすべてのページに「キーワードを入力するフィールド」を設置するだけでよいかもしれない。

また、検索エンジンがサイト全体の情報アーキテクチャを意識しているのなら、より多くの可能性をユーザーに提供できる。たとえば、検索範囲をサイトのある特定の領域に絞るオプションや、検索結果のアーキテクチャにおける場所に応じて、自動的に検索結果を並び替えることなどだ。さらに、検索結果にはそれ自体の情報アーキテクチャがある。すべての検索結果が1ページに表示されるのか、それとも複数のページに分けられるのか？分けられる場合、ユーザーはどのようにページを移動するのか——任意のページにジャンプできるのか、それとも厳密なシーケンシャルナビゲーションに従って順番に見ていくしかないのか？

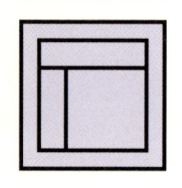

これらの構造に関する決断は、検索エンジンの**骨格**で具体的な形となる。インタラクションデザインは、ボタンやフィールド、その他のインターフェース要素など、ユーザーがシステムにクエリーを送信できるものの配置で形になる。情報アーキテクチャはナビゲーション要素のデザインに反映される。ナビゲーション要素は、ユーザーが検索結果を動き回れるようにする要素だ。はじめから終わりまで、情報デザインはユーザーに「どうやってクエリーを作るか」を示し、ユーザーが検索結果をざっと見て必要な結果を得られるようにしている。

表層では、これらすべての要素が密接に結びつき、ひとつのまとまりとして検索エンジンのビジュアルデザインをなしている。ビジュアルデザインによってインターフェースと情報要素に類似した一貫性のある見た目が生まれ、ページの中でユーザーがいちばん関心を持つであろう領域（または見逃すであろう領域）が明らかになる。

正しい質問をすること

ユーザーエクスペリエンスの作成では、解決すべき小さな問題の絡まりに直面するが、ときに、非常にがっかりさせられることもある。ある問題を解決しようとしたら、もう解決したと思った他の問題を考え直さなければいけなくなったりもする。妥協をしたり、アプローチを変えてみて評価したりなどが必要になる場合が多いだろう。こうした決断をしている真っ最中は、フラストレーションがたまって「はたして正しいアプローチをしているのだろうか?」と疑問を感じやすいものだ。事実は単純で、「正しいアプローチとは、偶然生じてしまうユーザーのエクスペリエンスがないこと」だ。すべての決断を注意深く意図的に行うことを意味している。ひとつひとつの決断の根本的な論点を理解し、その理解に根ざして決断しなければいけない。

もっとも重要なのは、直面している問題へのアプローチに対して、正しい心構えを持っているかどうかだ。ユーザーエクスペリエンス開発プロセス以外のすべての面は、調達できる時間や資金、自分の配下にいる人材によって調整することができる。閲覧者について、市場調査のデータを集める時間がないなら、すでに手元にある情報を見て、ユーザーニーズを察知する方法を見つけられるかもしれない（たとえば、サーバーログやフィードバックのメールが役立つかもしれない）。ユーザーテスト用のラボを借りる資金が足りないなら、友人や家族、同僚を呼んで略式のテストに参加してもらえばよい。

最悪の失敗は、「時間の節約」とか「資金の節約」と言い訳をして、プロジェクトにおける基本的なユーザーエクスペリエンスの問題をごまかしてしまうことだ。プロジェクトによっては、誰かがプロセスの最後の最後に、ユーザーエクスペリエンス評価を思慮深くつけ加えてくれることだろう——これらの問題に実際に取り組む時間がなくなってしまったずっと後に。過去を振り返らずにサイトの始動へと急ぐことは、始動日が決まっているときにはよい考えのように思える。しかし、結果としては「製品の技術面の要求は満たしているが、ユーザーにとっては役立たない」ものになりがちだ。さらに悪いのは、ユーザーエクスペリエンス評価を最後に追加することで、「破綻があるのは知っているが、修正するチャンス（または資金）がない」サイトを始動してしまうことだ。

　「ユーザーの受容テスト」というアプローチを好む組織もある。この「受容」という言葉は、ここでは非常に意味ありげだ——問題はユーザーがサイトを好きか、使うかどうかではなく、「受け入れられる」かどうかなのだろうか？このタイプのテストはプロセスの最後の最後に行われることがあまりに多い。この時点までで数え切れないほどの憶測が、検証されることなくユーザーエクスペリエンスを形作ってしまっているのだ。これらの憶測はユーザーテストで明らかにするのは非常に難しい。なぜなら、インターフェースとインタラクションのレイヤーの下に隠れてしまっているからだ。

　多くの人々が「優れたユーザーエクスペリエンスを作るためには、ユーザーテストが主要な手段である」と提唱している。この考え方はまるで「何かを作ってみて、人に見せてどう好まれるか確認し、文句を言われたところは何であれ修正する」というもののように思われる。しかし、テストをいくら行っても、「情報に基づき、思慮深くなされたエクスペリエンスデザインのプロセス」の代わりには決してならないのだ。

ユーザーエクスペリエンスの特定の要素に着目した質問をすると、より
ユーザーから適切なフィードバックを得やすくなる。ユーザーエクスペリエ
ンスの要素を無視して構築されたユーザーテストは、結局不適切な質問をす
るだけに終わってしまうし、それが不適切な回答へとつながる。たとえば、
プロトタイプをテストするのなら、「どの問題を吟味したいのか」を知って
おくことが必要不可欠だ。これは、無関係な事項によって問題点を曖昧にし
ないようにするためである。ナビゲーションバーの問題点は本当に色だけな
のか？それともユーザーが目にする言葉遣いが問題なのか？

　ユーザーニーズを明確にするのに、単にユーザーに頼ることはできない。
ユーザーエクスペリエンスを作る上での難題は、ユーザー自身よりも僕たち
が、ユーザーニーズをよく理解することなのだ。テストをすればユーザーニー
ズは理解しやすくなるかもしれないが、テストは数多くのツールの中のひと
つにすぎず、他のツールでも同じ結果を得ることは可能である。

マラソンと短距離走

　ユーザーエクスペリエンスではどんな面も偶然に任せてはいけない。それ
と同じように、開発プロセスも偶然に任せてはいけないのだ。常時緊急事態
で稼動しているウェブ開発チームがあまりにも多い。各プロジェクトはなん
らかの危機に反応したものとみなされ、結果として、すべてのプロジェクト
のスケジュールに遅れが出てしまうのだ。

　ユーザーエクスペリエンスの開発プロセスついてクライアントに話し、問
題点を説明する際に、よく使う例えがある。「マラソンは短距離走ではない」、
つまり自分が何のレースに参加しているのかを知り、それに応じた走り方を
するということだ。

短距離走は短いレースだ。短距離走者は、スタートの合図がなった瞬間に、ありったけのエネルギーを必要とする。そして、ほんの数分間の間に、すべてのエネルギーを使い果たすのだ。スタートラインからすぐに、短距離走者はできる限り速く走らなければいけないし、ゴールに達するまでその速さを保たなければいけない。

　マラソンは長いレースだ。マラソンランナーだって、短距離走者に劣らずエネルギーが必要だが、そのエネルギーを費やす方法はまったく異なっている。マラソンでの成功は、ランナーのペース配分がどれだけ効率的かにかかっている。他の要因がすべて互角であっても、「いつスピードアップして、いつスローダウンするか」を知っているランナーのほうが勝つ（または、完走できる）確率はずっと高いのだ。

　「最初から最後まで、全速力で走る」という短距離走者の戦略は、レースに対して唯一理にかなったアプローチのように思える。マラソンを走るのにも、短距離走の連続のように全力疾走で走れなければいけない、というかのようだ。しかし、それではうまくいかない。人間の持久力には物理的限界があることも理由のひとつだ。もうひとつ別の要素もある。その限界を調整するために、マラソンランナーは常に自分のパフォーマンスをモニタリングしている。「何がうまくいっていて、何がうまくいっていないのか」を見て、それに従ってアプローチを変えていくのだ。

　ウェブ開発は、押してばかりの短距離走とは違う。たいていの場合、押す場合もあれば引く場合もある。プロトタイプを構築したり、アイデアを出したりして押すときがあるし、その後は一歩引いて、構築したものをテストしたり、要素同士がどうつなぎ合わさるか確認したりする。そうやってプロジェクトの鳥瞰図に磨きをかけていくのだ。タスクの中にはスピードを重視して行うのがベストなものもある。一方、もっと慎重なアプローチを要するものもある。優れたマラソンランナーは、急ぐべきとき、そうでないときを知っている――あなたもそうでなければいけない。

じっくり考え、慎重にデザインの決断を進めることは、短期的に考えれば時間がかかることだろう。しかし、長い目で見れば、それよりもはるかに長い時間を節約できることになる。デザイナーと開発者は、「作業中のプロジェクトには戦略、要件、構造に対する注意が欠けている」と嘆くことが多い。関わったプロジェクトでは、これらの活動が常に無視される危険にさらされているものがいくつもあった。画像やコードのような実際のサイト要素の作成に関わらないようなタスクには、辛抱していられない人もいるものだ。スケジュールが押していたり、予算オーバーになってしまったプロジェクトでは、こうしたタスクが真っ先にカットされることが多い。

　しかし、これらのタスクは、最初からプロジェクトの視野に含まれている。なぜなら、後で成果物に対して必要不可欠な準備として役立つからだ。これが削除されてしまうと、プロジェクトスケジュールに残されたタスクと成果物はプロジェクトのより大きなコンテクストから十分な情報を与えられていないように感じられる。そして、お互いに切り離されたように見える。

　最後になって手にする製品は、誰の期待も満たさないようなものだろう。ここまでであなたはもともとの問題解決に失敗しただけでなく、新しい問題まで作り出してしまった。なぜなら、今や目前にある次の大プロジェクトは、前のプロジェクトの欠点対処が目的だからだ。そうしてこの失敗を解決しようというサイクルは、延々と繰り返されるのである。

　サイトを外部から見た場合（あるいは、ウェブ開発プロセスは初めての場合）、5つの段階モデルの中で上の段階に近い要素ほど目立ち、下の段階ほど注目されにくい。しかし、皮肉なことに、その注目されにくい要素——つまり、サイトの戦略、要件、構造——こそ、ユーザーエクスペリエンス全体の成功あるいは失敗に必要不可欠な役割を持つのだ。

▶組織の誰かに5つの段階それぞれについて考えてもらうだけで、ユーザーエクスペリエンスを成功に導くために必要な検討事項に対処できる。この責任を組織でどう分配するかはそれほど重要ではない。重要なのは、ユーザーエクスペリエンスの要素すべてに対して、担当者が明確になっていることだ。

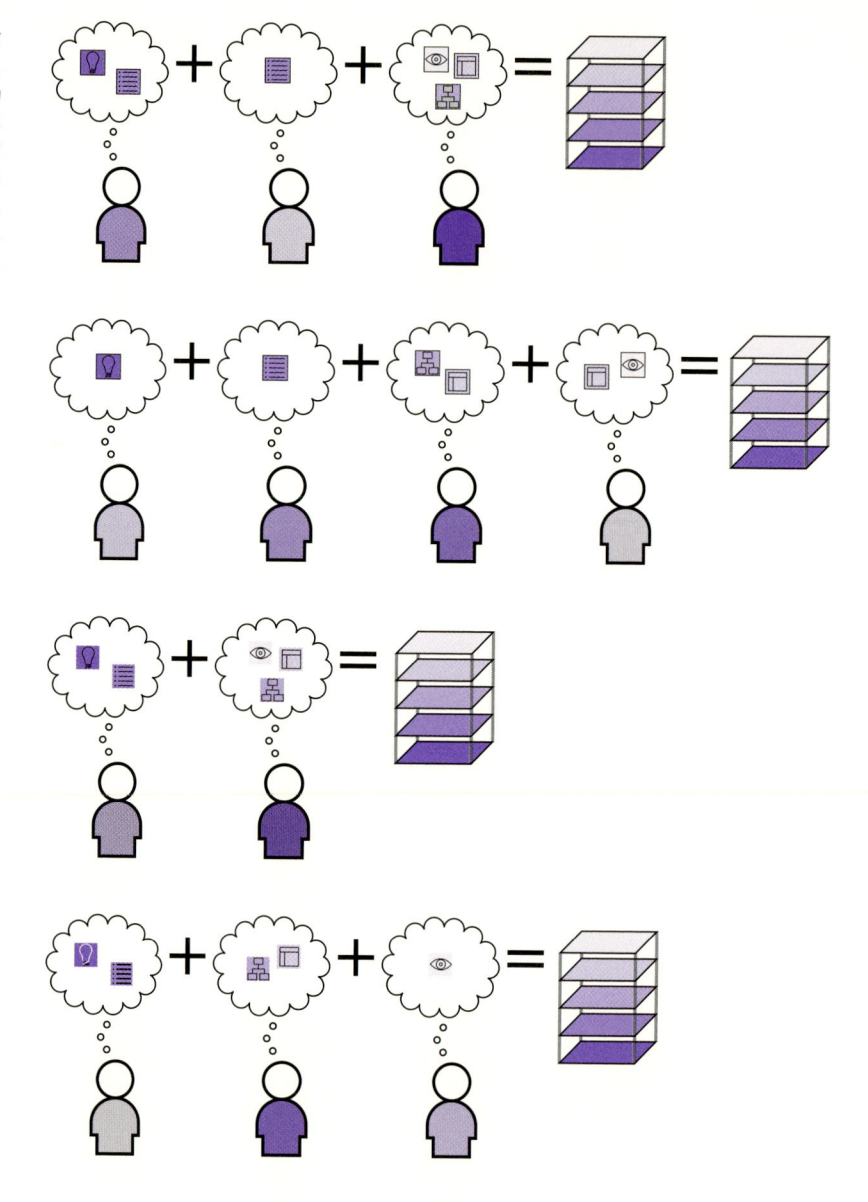

多くの場合、上側の段階で失敗していると、下側の段階の成功がかすんでしまう。ビジュアルデザインでの問題（ごちゃごちゃしたレイアウトや、一貫性のない配色、調和しない配色）を見ると、ユーザーはすぐに興味を失ってしまう。せっかくナビゲーションやインタラクションデザインで賢明な選択をしていても、ユーザーはそれらすべてを決してわかってはくれない。また、ナビゲーションデザインに対するアプローチの考え方が甘いと、「柔軟性のある、しっかりとした情報アーキテクチャを作ろう」というあなたの作業すべてが時間のムダになってしまうのだ。

　同様に、下側の段階でひどい選択をしてしまったら、たとえその上に構築された段階で正しい決断をしていても、何の意味もなくなってしまう。ウェブの歴史には、「見た目はよいが、徹底的に使いにくい」という失敗作が散らばっている。ビジュアルデザインだけに注目してユーザーエクスペリエンスの他の要素を無視すると、新規立ち上げ企業は倒産してしまう。それだけでなく、他の企業は「自分たちはなぜウェブなんかを気にしていたのだろう」と疑問を抱くようになってしまう。

　とはいえ、必ずしもそうなるとは限らない。完璧なユーザーエクスペリエンスを念頭に、ウェブ開発プロセスにのぞめば、問題をうまく乗り越えることができ、重荷ではなく財産となるサイトを手にすることができる。サイトのユーザーエクスペリエンスに関することは、すべてについて注意深く、明確な決断に基づいたものにしよう。そうすれば戦略目標も、ユーザーニーズも満たせるようなサイトを確実に作ることができるのだ。

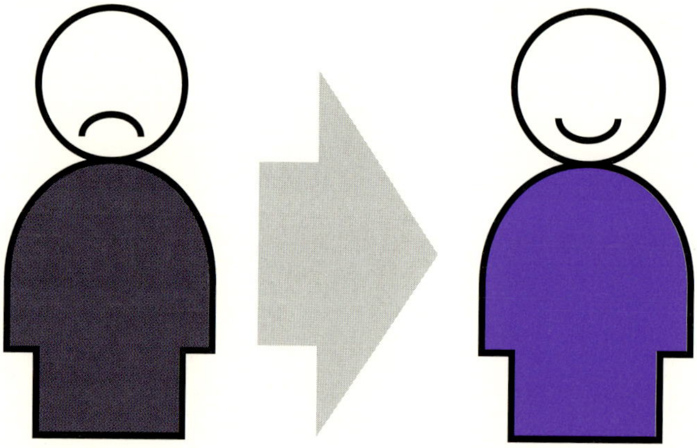

IA/
RECON

SUPPLEMENT
IAの再考

Part 1. 原則と役割（The Discipline and the Role）

▶訳注：本章は日本語版だけに収録された特別章。原著『The Elements of User Experience』には含まれていない。原典は、著者のサイト（www.jjg.net）に「ia/recon」という題名で掲載されたエッセイ（www.jjg.net/ia/recon/）。2002年の1月から5月にかけて執筆された。本書が成立した背景がよりよく理解できるエッセイだろう。

「情報アーキテクチャ」という専門領域がある。そして、「情報アーキテクト」という役割がある。どちらも多かれ少なかれ協力して発展してきたし、片方を議論をすれば、もう片方も関わっていた。しかし、それを変えるときがやってきたのかもしれない。

景気の沈滞には適切なときなどない。とはいえ、情報アーキテクチャのコミュニティにとって、昨今の景気の変遷は、あまりにもまずいタイミングだった。ちょうど、「ウェブデザイン」プロセスで僕たちが貢献することの価値を証明していこうとし始めたころ。不景気の圧力で、もっと熱心に普及に努めることを余儀なくされたし、クライアントからは疑いのまなざしを向けられていた。クライアントはドットコム企業による怪しげなセールストークを5年も聞いてうんざりしていたし、経済の圧力も大きかったのだ。

「ビジネス界では、情報アーキテクトの仕事が企業の成功に欠かせないと認識されるだろう。だから、その問題の責任者は、当然組織のトップレベル（伝説かつ幻の「CXO（Chief Experience Officer）」だ）に属するはずだ」ニューエコノミー最盛期のころは、そう信じた者もいた。しかし、今や不景気の到来により、情報アーキテクチャという専門領域も、情報アーキテクトという役割も、まるで絶滅寸前だ。

これに対して、僕たちは一致団結し、セールストークとビジネス上の価値を作り上げようとしてきた。しかし、自分たちが一体何を売っているのか、あまり確信を持てないのだ。情報アーキテクチャのアイデアを売っているのだろうか？それとも、情報アーキテクトのアイデアを売っているのだろうか？この混乱のおかげで、「どのように専門領域と役割を定義するのか」と、僕たちは延々と同じ疑問から抜け出せずにいる。

ある学派は、このように定義しようとする。「私は情報アーキテクトです。ですから、私のすることは、何であれすべて情報アーキテクチャです」

役割をベースに定義しようとすると、往々にして意味が広くなっていってしまう。なぜなら、情報アーキテクトという役割に対応する職務は、組織によって大きく異なるため、役割の定義は（それに伴い専門領域も）どんどん拡大してしまうからだ。この発想が、いわゆる「ビッグIA」につながる。「ビッグIA」とは幅広い職務を網羅した定義のことで、ビジネス戦略、情報デザイン、ユーザー調査、インタラクションデザイン、要件定義など、その他多くの職務を含んでいる。

それとは逆のアプローチが、専門領域をベースに役割を定義することだ。つまり、「情報アーキテクチャの指す分野が何であれ、情報アーキテクトはその分野に特化した人」という考え方だ。

この定義だと、意味が狭まりやすい。情報アーキテクチャの問題とその解決策について深く語るには、まずそれらの問題の範疇を、非常に具体的に定義しなければならないからだ。

こちらの定義の結果が「リトルIA」。こちらはコンテンツの組織化と情報空間の構造化だけに焦点を絞っている。しかし、この役割の定義を（専門領域として）実際の役割にあてはめると、定義された「枠」によって、情報アーキテクチャの成功に不可欠な多くの要素が、任務の範囲外とされてしまうのではないか、という不安を生む結果となってしまう。

情報アーキテクトの役割が拡大すると、その役割（不景気以来少なくなっているかもしれないが）をこなす個人にとってはよいかもしれない。しかし、情報アーキテクチャの専門領域の定義にとっては悪影響でしかない。情報アーキテクチャ作業の全体的な性質を見ると、一部の人々は、情報アーキテクチャ関連

ビジネスのあらゆる面を、自分たちが直接コントロールしなければ気がすまないのだ。こうした傲慢な考えは、専門領域の価値を企業に説得しようという努力を台無しにしてしまう。大きな力を求めれば求めるほど、その力を持たせてくれるように他人を説得するのは難しくなるのだ。

　コミュニティ内のほとんどの人々は、この問題を冷静に議論できない状態になってきた。役割を定義しようとすれば、必然的に誰かのアイデンティティ感覚を脅かすことになるからだ。もしそこでの定義が自分の仕事と一致しなかったら、自分はもう情報アーキテクトではなくなってしまうということか？さらには、肩書きの詐称をしているということか？

　結果として、誰かが専門領域を定義すると、その定義は他の誰かの役割に合わなかったり、その逆もあったりして、堂々巡りになってしまった。

　役割を網羅できる、幅広い定義では、専門領域について有意義な議論をするには広すぎる。専門領域にとって適度なように幅を狭めると、今度は狭すぎて役割を含みきれない——僕たちは行き詰ってしまったようだ。片方をベースにすると、もう片方が不適当になる。かといって両方同時に定義しようとしてもうまくいかず、古典的な「卵が先か、鶏が先か」的な問題になってしまうのだ。

　唯一の解決方法は、専門領域の定義と、役割の定義を、完全に切り離すこと。一瞬、おかしいと感じるかもしれないが、これは100%理にかなっている。それに前例もある。たとえば、オーケストラの指揮者、という役割を考えてみよう。「指揮をすること」は確かに指揮者の仕事の一部だが、仕事の範囲はそれだけではない。指揮者は、クリエイティブ面からマネジメント面まで幅広く責任を持っているものだ。

もっとクリエイティブな難題が目の前に山積みになっているというのに、僕たちは自分の尻尾をずっと追い掛け回して、基本的な用語の定義で足踏みしている。広い用語で専門領域を定義しても、目の前の問題をより深く理解できるわけではない。領域を狭めると、特定の問題については、明確に述べられるようになるだろう。どんな専門領域であれ、進歩するにはこうした明確さが必要だ。

一方、役割に関する問題は、自然と解決するだろう。組織はこれまで同様、必要に応じて役割を定義し、結果を出すところにリソースを割り振るだろうから。

専門領域についての議論と、役割についての議論を切り離すことには、さらに重要な理由がある。それは、情報アーキテクチャという専門領域を保護するため、ということだ。そのためには、「情報アーキテクトの役割」という考えを捨てなければいけない。

Part 2. 内輪での慣習 (Tribal Customs)

情報アーキテクチャは、幅広く問題を網羅する。しかし、情報アーキテクチャに関わるプロジェクトのコンテクストや目標が何であろうと、僕たちが気にしているのは、いつも同じ。効果的なコミュニケーションを円滑にするための構造を作り出すことだ。この発想が、僕たちの専門領域の核である。

僕のバックグラウンドは、IT業界で言う「コンテンツ開発」だ。他の業界では、「執筆・編集」として知られている。なぜだか、僕のようにコンテンツ開発から情報アーキテクトになった人はあまりいないようで、「コンテンツ開発と情報アーキテクトは、いったいどう関連があるのか」とよく質問される。

人類の歴史において、効果的なコミュニケーションにもっとも高い関心を持っていた人は、言語を扱っていた人々だ。ハイパーテキストの前、プレーンなテキストよりも前、「情報を建築する」初めての道具は、言語だった。

編集者の仕事を考えると、ほとんどの人は、「背中を丸めて机に向かい、赤ペンを手に持ち、長々としたテキストに赤入れしている」といったことを思い浮かべることだろう。しかし、編集者の役割と、編集の専門領域はまったく異なっている。こうした作業を専門としている人もいるけれど、たいてい、編集者はもっとさまざまな仕事をしている。

広い意味で言うと、編集者の仕事はライターがよりよい文章を書けるよう、手助けすることだ。これには文法や句読点、言葉の選択などももちろん含まれる。しかし、編集者の仕事でもっとも大きな部分を占めるのは、効果的な構造を作り出すことだ。百科事典から教科書、記事、段落、文まで、編集者はさまざまなスケールで構造を作るのである。

編集者同様、情報アーキテクトは情報構造を作り出すことに関心を持っている。しかし、情報アーキテクチャの専門領域は、この点をまったく異なった視点から見ている。情報アーキテクチャの世界では、構造的な問題はすべて、ひとつの問題のバリエーションであると考えている。その問題は何かというと、「情報検索」である。

編集の専門領域でも、情報の検索という問題に取り組まなければならない。多くの出版物は、情報の検索が簡単にできるよう、構造化されている。たとえば、電話帳、書籍、辞書、地図などが挙げられる。しかし、これらは毎年発行される全体数から見ると、ほんの一部に過ぎない。

他のすべての出版物（辞書や地図ではないもの）にも、構造はある。しかし、その構造は、秩序だった分類ではない。ライターや編集者は、さまざまな目的を達成するために、構造を使う。教えるための構造があれば、知らせるための構造、他には説得するための構造もある。

　情報アーキテクチャも、こうした幅広い問題を扱うことができると、僕は信じているし、今実践されている専門領域に、その可能性がすでに潜在している。情報アーキテクチャの領域は、情報検索の範囲を超えていくのだろう。しかし、現在のアプローチはまだ不十分で、情報アーキテクチャの持つ可能性を存分に生かしきれていない。

　雑誌や新聞の編集者に対して、「出版する前に、読者に構造をテストしてもらいましたか？」なんて質問をしたら、きっと笑われるだろう。効果的な構造は、プロの判断力で作られるもの——そしてその判断力は、長年の試行錯誤や、苦労の末に手に入れた経験の賜物なのだ。

　編集者にとって、編集という専門領域における自分の価値は、判断力を働かせることにある。彼らにとっては、構造が効果的かどうかを的確に判断することが、編集者としての存在意義だ。プロとしての判断を放棄して、調査結果を構造へとつなぐだけのパイプ役になるなんて、ばかばかしいだけだ。

　実際、彼らは正しい。

Part 3. 白衣を身にまとって (Dressing Up in Lab Coats)

専門領域外の人からすると、「情報アーキテクチャ」はすでに「ユーザビリティ」と同義語になってしまった。僕たちのような新興の専門領域の人間が、すでに信頼を確立した分野と手を結びたくなるという気持ちも、よくわかる。しかし、情報アーキテクチャを調査に融合してしまうと、プロセスが台無しになり、求めていた信頼も得ることができなくなってしまう。

情報アーキテクチャについての最近の傾向は、「ユーザー調査を基に設計し、ユーザーテストを繰り返して有効性を確認する。それらの結果できたものだけが、優れたアーキテクチャである」というものだ。しかし、アーキテクチャと調査の融合は――そしていずれも単体では存在し得ないという結論は――あまりに単純化されており、あてにならない。

よく見積もれば、クライアントを欺いているだけ。最悪の場合は、自分自身をも欺いていることになる。

調査結果でアーキテクチャに関する判断を覆ってしまえば、判断を「擁護」することができる。たとえ、経験豊富な、プロの判断による意見だとしても、意見を擁護するより、科学を擁護するほうがずっと楽なのだから。しかし、これは科学とは程遠い――擬似科学だ。意見を調査で装飾しても、意見を科学的にすることはできない。白衣を着たからといって、科学者になれないのと同じことだ。

調査がアーキテクチャにとってもっとも役に立つのは、解決すべき問題を定義するとき。逆に、調査がアーキテクチャにとってもっとも役に立たない――しかも悪影響まで及ぼす――のは、解決策自体を定義しようとするときだ。

調査が問題を定義しているのか、解決策を定義しているのか、それは簡単にはわからない。調査のプロセスで、問題を明確にしようとしたはずなのに、いつの間にか解決策の提案にすりかわってしまった、ということもありうる。とくに、調査を実施している担当者が、解決策の策定も担当している場合はその傾向が強い。

調査の構造自体は、解決策を導き出すことも可能だ。同様に、結果をまとめるための調査データの分析から、解決策に影響するような偏見や仮説が導き出されることもある。とはいえ、こうした研究は他の専門家によるレビューを受けないので、方法の欠陥も、偏見に満ちた結果も、決して公にはならない。

そして、盲目的に解決策を出す調査よりもひどいのは、明らかに企まれた調査だ。「ユーザーが情報をどうまとめるべきか、教えてくれた——さあ、実行しよう！」といった具合に。

ユーザーの目的が明確であり、測定が可能な場合は、調査は非常に役に立つ。情報検索も、eコマースもその一例だ。しかし、こうした狭い範囲以外では、目的を達成するには調査は不十分なのだ。

最高にうまく設計された調査でも、熟練したアーキテクトにはかなわない。調査から生まれたアーキテクチャでは、ユーザーを驚かせることができないのだ。すべてが予測可能で、慣れ親しんだアーキテクチャであれば、調査は最適だ。情報検索やeコマースといった例では、調査こそ、僕たちがまさに求めているものだ。

しかし多くの場合、アーキテクチャはその内容に不慣れなユーザーに合わせなければならない。そしてときに、アーキテクチャの目標がユーザーを教育したり説得したりすることの場合、驚かせることがアーキテクトの最高のツールになる可能性もある。しかし、調査から直接派生したアーキテクチャ

では、そうした驚きが生まれることはない。

さらに、仕事の検証をユーザーテストばかりに頼っていては、新しいアーキテクチャ的アプローチを発見することもないだろう。

高校のとき、僕はある授業をとっていた。表向きは、言葉と語彙のスキルに関する授業だった。その授業の初日、僕はあることに気がついた。そのクラスは、実際は大学入学のカギとなるテスト、SATの対策クラスだということだ。

▶訳注:SATとは大学入試で重要なテスト。

僕たちは、言葉の使い方を上達させる方法だとか、語彙を操る方法だとか、そういった一般的な法則は習わなかった。実際繰り返し習ったことといえば、SATテストがどんな内容か、質問がどう作られているのか、答えがわからないときはどうやればうまく推測できるのか、といったことだった。しかし、テストでうまくやるのと、内容を知ることはまったく違う。

ユーザビリティについても、同じことが言える。成功か失敗か、最終判断を下すときに、僕たちはテストをうまくこなすことを成功ととらえてしまう。ユーザビリティでは、効率がもっともよいアプローチが最善の方法だと考えられている。しかし、ユーザーのタスクが明確で、目標がすぐにつかめるような限られた領域以外では、必ずしも効率的であることが最善とは限らない。テストをしたからといって、アーキテクチャやそのユーザーの持つ目標をすべて解決できるわけではない。

僕たちの専門領域が現在のような状態で進み続けるとしたら、情報アーキテクチャに関する知識は、テスト対策と同レベルのものにしかならないだろう。その一方で、仕事固有の本当にクリエイティブな問題をどれくらい理解できるかといったら、今日同様にお粗末なままになるだろう。

Part 4. そこで奇跡の到来（Then a Miracle Occurs）

　情報アーキテクチャのメーリングリストでは、こんなメッセージをよく目にする。

　「先日、ある解決策を提出しました。このメーリングリストの皆さんにはきっと納得してもらえるものです。しかし、私の会社では他の解決策に賛成する人のほうが多いのです。みなさんは新たな解決策に反対するでしょう。私の解決策のほうが正しい、ということを証明できる調査方法はないでしょうか？」

　ここでの本当の問題は、データの不足ではない。信頼感の不足だ。情報アーキテクトはいまだに不信感を抱かれたままなのである。僕たちは、まず、自分たちが何をするのか説明しなければいけない。それから、なぜそれが重要なのかを伝えるのだ。そこまで理解してもらえたら、クライアントは自分たちもできる、と決心する。結局、そうした重大な戦略的決定は、エグゼクティブに任せるしかないのではないか？

　信頼感の溝を埋めるべく、僕たちは提案の支えとして調査を重視してきた。ウェブという新媒体では何が最善策なのか、それを判断する力を高めなくては、という焦り。情報アーキテクチャという専門領域を理解していない人々を説得するニーズ。この焦りがニーズと相まって、僕たちは過剰に調査に頼ってしまうようになったのだ。

　一見このアプローチは効果的だったこともあり、結果として、僕たちは仕事のほとんどを科学的にしようとした。たとえば、情報アーキテクチャを抜き出して単純な公式にするとか、段階的なプロセスにするとか、一連のルールにするとかだ。情報アーキテクチャのプロセスをコード化しようとする試みも数多くある。この試みは、「調査データを入力すると、標準化されたア

プローチが出てくる」というのを期待しているようにも思える。

しかし、情報アーキテクチャの方法論を明瞭にしようとする試みは、どれも同じ——事前ユーザーテストの手法に関する、膨大な量の情報。そして、ユーザビリティテストのテクニックを網羅したカタログだ。ただ、ちょっと待ってほしい。何か欠けている。肝心のアーキテクチャ作業は、一体いつ始まるのだろう？

ここで思い出すのが、シドニー・ハリスの1コマ漫画だ（http://www.sciencecartoonsplus.com/gallery.htm）。黒板に向かって、ある科学者が、もう一人の科学者の研究を評価している。彼は公式の一部を指差して、こう言う。「2番目のこのステップですがね、ここをもう少し明確にしないと」その部分には、こんなことが書いてある。「ここで奇跡が起こる」と。

情報アーキテクチャの場合の「奇跡」は、まさにアーキテクチャの創造そのものだ。クリエイティブなプロセスに情報を提供する調査については、知識は増え続けている。また、そのプロセスの結果を評価する方法も確立されている。しかし、僕たちの仕事の核である、プロセスそのものが、いまだに謎のままであり、情報アーキテクチャの専門領域に対する理解が欠けている。

僕たちは、「自分たちが何をするか」というもっとも重要なことを置き去りにしたまま、それ以外のことについて話すのに時間を費やしてきた。皮肉なことに、僕たちは信用をもっと得ようとして調査方法を強調したはずが、逆に信用を落としただけだった。僕たちが作り上げた印象というと、「情報アーキテクトとして成功できる！7つのステップ」で武装すれば、誰でも情報アーキテクチャの仕事ができてしまう、というものだ。これでは情報アーキテクトという役割が危険にさらされているのも無理はない。

クリエイティブなプロセスに取り組まない手法など、どれもまったく不完全だ。さらに、もし僕たちが「大規模な調査に頼ったアプローチだけが、唯一正しい方法論だ」と言い続けるのなら、情報アーキテクチャの専門領域が発展する上で不可欠な人々の参加を遠ざけ、締め出すことにもなりかねない。

Part 5. 未来のアーキテクト（Tomorrow's Architect）

「専門化は、昆虫のためにあるものだ（Specialization is for insects: 昆虫と違って、人は限られた専門分野だけでなく、いろいろなことをできるようでなければいけない）、と言われている。

しかし、ウェブ初期においては、専門化のおかげで情報アーキテクチャという専門領域が確立できた。そして、ニューエコノミーの好景気に雇われたウェブ開発者のリストラが進められている現在でもなお、そうした専門家がいるからこそ、情報アーキテクチャの専門領域が守られている。

どんな分野でも、こういったどんでん返しがあるものだ。「その場しのぎのニーズを満たそうとして、これまで長期にわたる専門領域の発展を犠牲にしないこと」が、専門家の課題である。

現在の経済状況に対して、僕たちは「ビジネスにとって情報アーキテクチャは重要なのだ」とかたくなに主張してきた。こういったアプローチをすることで、情報アーキテクトは専門家としてのポジションをちょっとだけ長く保つことができるかもしれない。しかし、専門性を強調することは専門領域の発展を妨げ、チャンスも無駄にしてしまう。

情報アーキテクチャという領域に対して、マーケットが拡大し続けたとしても、（専門的な）役割に対するマーケットは小さいまま——領域に対する大きなマーケットの、ほんの一部分にすぎないだろう。

専門家は常に仕事があるだろう。「作業が多いため、社内に情報アーキテクトが必須だ」という組織もある。また、「常駐の情報アーキテクトは必要ないが、大規模あるいは重要なプロジェクトのあるときだけ、情報アーキテクトにコンサルティングを頼む」という組織もある。利益増加のために（経費節約のためではなく）ウェブサイトを利用する組織であれば、情報アーキテクトの専門性を伸ばすことの価値をすぐに理解することだろう。

しかし、情報アーキテクトの役割を果たす人々の大部分は、専門領域ばかりに専念できないものだ。社内に情報アーキテクチャ専門の社員を雇うほど仕事がある組織は、ほとんどない。大多数の組織において、ウェブ関連作業はコストのかかるところであって、利益を生み出すところではない。結果として、多くのチームは常に未熟で人員不足、そのうえ予算に苦しむことになるだろう。

運がよければ、情報アーキテクチャの仕事はチーム内の誰かに割り当てられる。その誰かとは、「ウェブデザイナー」とか「コンテンツエディター」、「プロジェクトマネージャー」と呼ばれる人たちだ。彼らにとって、ユーザーエクスペリエンスは、取り組むべき数ある問題のうちのひとつにすぎない。そして、彼らの行う仕事が、ウェブにおける情報アーキテクチャの大部分を構成する。

情報アーキテクチャの未来は、僕たちではなく、彼らの手の中にある。

この専門領域の進展は、知識体系の発展と反復にかかっている。そしてその知識体系は、広範囲にわたる構造的な問題と潜在的な可能性を深く考察することにより、生じるのだ。僕たちに必要なのはテストケースであり、そしてそのテストケースにじかに取り組むことで生まれる洞察である。

しかし専門家としては、そういったチャンスが限られている。1人の専門家が1年にできるプロジェクトは、一体いくつあるだろう。どう考えても1ダース以下、たいていはそれよりずっと少ないはずだ。その一方で、すべての専門家と多数の非専門家は、孤独に作業し、誰かがやった間違いを繰り返し、せっかく何かを学んでもシェアする相手すらいない状態である。

　専門領域を発展させるためには、僕たちは非専門家も含めて対話しなくてはいけない。その対話によって、知識体系の発展に貢献してもらうのだ。そうなると、今度は「専門領域と役割は別物で、さまざまな役割の人が情報アーキテクチャの専門領域を実践できる」という認識を持つ必要がある。

　さらに、非専門家の行う作業を、情報アーキテクトである僕たちはできる限りサポートしなければならない。たいそうな調査方法論は彼らの役には立たない。なぜならそんなアプローチを取り入れられるほどの情報源も、サポートも、彼らにはないのだから。たとえ取り入れることができたとしても、調査とテストに熟達したからといって、ダメなアーキテクトが優れたアーキテクトになれるわけではないのだ。優れたアーキテクトには、それ以上の何かが求められるのである。

Part 6. 秘訣とメッセージ (Secrets and Messages)

「情報アーキテクトとして、成功した秘訣は?」こう聞かれることがよくある。ここで、初めてその秘訣を明かそう。

それは、僕には直感がある、ということ。

もちろん、直感さえあればよいわけではない。必要なのは、「優れた」直感。僕の直感は、クライアントの直感よりも勝っていなければいけないのだ——勝っているからこそ、クライアントが僕を雇うのだ。

僕の推察力は、ジャーナリズムを通して養われた。しかし、決して「情報アーキテクトはジャーナリズムの学校に行け」とか「地方紙でインターンシップをやれ」と言いたいのではない。必要なのは、既存の専門領域にとらわれない、新しいアプローチだ。

誰もが、情報アーキテクチャから推察を取り除こうとしている。しかし、僕たちの仕事に推察は必ず伴うものだ。さらに重要なことに、優れたアーキテクトとダメなアーキテクトの違いは、推察力なのである。

もちろん、「情報アーキテクチャのプロセスに、調査はいらない」というわけではない。調査は直感を鍛える役に立つ。しかし、調査はあくまで「プロとしての判断に情報を与える」ものであって、「判断の代わり」にはならない。

権威あるエスノメソドロジー理論、コンテクスト探索、ヒューマンファクターテスト——これらを背景とした完璧な調査メソッドは、情報アーキテクチャの問題の大多数を解決しようとしている非専門家にとっては役に立たない。非専門家たちに必要なのは、推察力の質を高める——つまり直感力を高めるためのツールやテクニックだ。

情報アーキテクチャを実践している人々のバックグラウンドはさまざまで、それぞれが異なる経験を活かして問題に対処している。違いがあるにも関わらず、誰もが異口同音に言うのが、「この世界にはよりよいアーキテクチャが求められている」ということだ。

　調査データと形式化された方法論を使っても、必ずしもよりよいアーキテクチャにはならない。よりよいアーキテクトによってのみ、よりよいアーキテクチャが生まれるのである。しかし、今僕たちが行っていることでは、よりよいアーキテクトは生み出せない。

　情報アーキテクチャは専門家が実践しなければならない、という定義はやめなくてはならない。この定義を基に仕事を続けていくなら、この領域はやがて停滞し、崩壊してしまうことだろう。現在、僕たちが構築している知識体系は、熱心な専門家や、調査に費やす莫大な時間と費用を基本条件としている。しかし、こんな条件のせいで、現実社会の問題がほとんど締め出されてしまっている。こうしたアプローチでは、僕たちが専門化を進めれば進めるほど、現場のアーキテクチャとのギャップが広がることになる。

　雑誌の編集者と同じで、未来のアーキテクトには、何週間もかけてゆっくりと繰り返しデザインをする余裕もなければ、解決策をテストする余裕もない。すぐに結果が必要で、そのためにより優れた直感が必要だ。この領域を維持するコミュニティとして、僕たちは直感を養うスキルの向上に努めなければいけない。必要なのは考えるためのツールであり、秘密の公式ではない。スキルであって、ルールではない。

　広く適用できるツールを作るには、情報アーキテクチャの仕事に関してより深く創造的思考を理解しなければいけない。そしてツールを提供したら、次は非専門家が僕たちと同じランクに加わることができる方法を提供しなければならない——ここでも、メソッドの知識より、論証可能なスキルが重要

だ。情報アーキテクチャの領域では、彼らが新しい考え方の源泉なのだから、僕たちは彼らの参加を奨励していかなければいけない。

情報アーキテクチャが実践されるかどうかは、意思決定者である企業次第だ。その企業は、ニューエコノミーの停滞で、ちょっと不安を感じている。「治療薬」と言われて、役に立たないオファーを何度も受けてきたからである。

これは、僕たちにとってすばらしいチャンスだ。ここでの僕たちの選択が、将来のこの分野の認識と、今後の方向性を形作るのだから。

僕たちが誠実かつ説得力のある、正しいメッセージを送れば、きっとそれに足るだけの信頼と尊敬を得ることができる。逆に、プロの判断よりも偽科学を強調したり、企業のエグゼクティブに会社の運営方法を諭したりして間違ったメッセージを送ると、失望が続くだけだ。

以下が、僕たちが送るべきメッセージだ。

情報アーキテクチャという領域は、さまざまな役割の人が実践できるものだ。アーキテクチャは、単なる情報検索以外にも、さまざまな目的のために構築される。アーキテクチャの成功のために欠かせない要因としてもっとも重要なものは、アーキテクトのスキルである。このスキルは、経験に基づくプロの判断と、調査結果の思慮深い考察、そして体系化されたクリエイティビティを組み合わせることで応用される。このスキルは、専門家と非専門家の両者によって等しく培われ、適用されていく。

僕たち情報アーキテクトを価値ある存在にしてくれるものに対して、僕たち自身が誠実になることによってのみ、他の人々にもその価値を説得できる。知識を出し惜しみしなく提供することによってのみ、僕たちはその恩恵を受けることができる。そして、こうした考えを全面的に受け入れる文化を作り上げることによってのみ、僕たちは情報アーキテクチャという専門領域を発展させられるし、今後の成功を確実なものにできるのである。

INDEX
索引

●**インデックスの見方**
このインデックスでは本書中の重要用語を掲載しています。太字で表示されているページ番号は、そのページにおいて、該当する用語が章または節のタイトルの中で取り上げられていることを意味します。

数字

5つの段階 ▶ **36-37**

A

Action buttons→アクションボタン ▶ 137
architecture diagram→
アーキテクチャダイヤグラム ▶ 121

C

Checkboxes→チェックボックス ▶ 136
CMS→コンテンツマネジメントシステム ▶ 81
content inventory→コンテンツリスト ▶ 92
content requirements→コンテンツ要求 ▶ 81
contextual inquiry→コンテクスト探求 ▶ 66
Contextual navigation→
コンテクストナビゲーション ▶ 143
conversion rate→コンバージョンレート ▶ **28-29**
Courtesy navigation→優先ナビゲーション ▶ 144

D

Dropdown lists→ドロップダウンリスト ▶ 137

E

eyetracking→アイトラッキング ▶ 158

F

facets→ファセット（情報の切り口） ▶ 116

functional specifications→機能仕様書 ▶ 81

G

Global navigation→
グローバルナビゲーション ▶ 141

I

IA ▶ **189-207**
information-oriented→情報指向 ▶ 129

L

List boxes→リストボックス ▶ 137
Local navigation→
ローカルナビゲーション ▶ 142

R

Radio buttons→ラジオボタン ▶ 136
Return On Investment→投資収益率 ▶ 28

S

Scope→要件 ▶ 37
Skeleton→骨格 ▶ 36
Strategy→戦略 ▶ 37
Structure→構造 ▶ 37
success metrics→成功測定基準 ▶ 57
Supplementary navigation→
サブナビゲーション ▶ 142
Surface→表層 ▶ 36

T

task-oriented→タスク指向	▶ 129
Text fields→テキストフィールド	▶ 136

U

USD→ユーザー・センタード・デザイン	▶ 9
User-centered design→ユーザー中心デザイン	▶ 33

W

Wayfinding→経路探索	▶ 148-149

あ

アーキテクチャダイヤグラム（architecture diagram）	▶ 121
アーキテクチャ的アプローチ	▶ 111-117
アイトラッキング（eyetracking:視線追跡）	▶ 158
アクションボタン（Action buttons）	▶ 137
アプリケーション	▶ 43

い

一連の機能	▶ 27
一貫性	▶ 163-166
インターフェース	▶ 127
インターフェースデザイン	▶ 126-153, 134-139
	▶ 42, 48, 100, 128
インタラクション	▶ 24
インタラクションデザイン	▶ 98-125, 101-102
	▶ 41, 46, 100, 180
インデックス	▶ 145

う

ウェブサイト	▶ 26
内輪の用語→ジャーゴン	▶ 117

え

エラーハンドリング	▶ 106-108

か

カードソーティング	▶ 67
階層型構造	▶ 112
概念的な構造	▶ 127
概念モデル	▶ 103-105
カテゴリースキーム	▶ 108
カラーパレット	▶ 166-169
慣例	▶ 130-133

き

機能仕様	▶ 74-97, 86-89
機能仕様書（functional specifications）	▶ 46, 81
機能性	▶ 80-83
均一性	▶ 160-163
	▶ 167

く

グリッドベースレイアウト	▶ 162
グローバルナビゲーション（Global navigation）	▶ 141

け

経路探索	▶ 148-149
言語	▶ 117-120
検索エンジン	▶ 179-181

こ

構造（Structure）	▶ 100-101
	▶ 37, 180
構造段階	▶ 98-125
	▶ 37, 46
骨格（Skeleton）	▶ 128-129
	▶ 36, 180
骨格段階	▶ 126-153
	▶ 36, 48
コンテクスト	▶ 66
コンテクスト探求（contextual inquiry）	▶ 66
コンテクストナビゲーション（Contextual navigation）	▶ 143
コンテンツ	▶ 80-83
	▶ 50
コンテンツマネジメントシステム（CMS）	▶ 81
コンテンツ要求（content requirements）	▶ 74-97, 90-92
	▶ 46, 81
コンテンツリスト（content inventory）	▶ 92

コントラスト	▶ 160-163 ▶ 167	戦略段階	▶ 52-73 ▶ 37, 46
コンバージョンレート（conversion rate：転換率）	▶ 28-29	戦略担当専門家	▶ 70
		戦略目標	▶ 89, 94, 127

さ

サイトの目的	▶ 52-73, 55-60 ▶ 46, 54
サイトマップ	▶ 144
サブナビゲーション （Supplementary navigation）	▶ 142

そ

組織化原則	▶ 115-117
組織化スキーム	▶ 108
ソフトウェアインターフェース	▶ 45

た

タイポグラフィー	▶ 166-169
タスク	▶ 28, 45
タスク指向（task-oriented）	▶ 129
タスク分析	▶ 66
段階	▶ 34-51, 174-188

し

シーケンシャル（順次的）構造	▶ 114
シーソラス（類語集）	▶ 118
市場調査メソッド	▶ 65
視線追跡→アイトラッキング	▶ 158
シナリオ	▶ 85
ジャーゴン（内輪の用語）	▶ 117
主観的な言葉	▶ 87-89
順次的構造→シーケンシャル構造	▶ 114
情報アーキテクチャ	▶ 98-125, 108-110 ▶ 42, 46, 101, 180, 190
情報アーキテクト	▶ 190
情報指向（information-oriented）	▶ 129
情報デザイン	▶ 126-153, 145-149 ▶ 41, 48, 128
情報の切り口→ファセット	▶ 116
人口統計的基準	▶ 61
心理的プロフィール	▶ 61

ち

チェックボックス（Checkboxes）	▶ 136

つ

ツリー構造	▶ 112

て

ティム・バーナーズ・リー	▶ 42
テキストフィールド（Text fields）	▶ 136
テクノロジー	▶ 50
デザインカンプ	▶ 170-173
転換率→コンバージョンレート	▶ 28-29

と

投資収益率（Return On Investment）	▶ 28
トップダウンアプローチ	▶ 109
ドロップダウンリスト（Dropdown lists）	▶ 137

す

スタイルガイド	▶ 170-173
ステークホルダー（利害関係者）	▶ 71

な

ナビゲーション	▶ 127
ナビゲーションシステム	▶ 141
ナビゲーションスキーム	▶ 108
ナビゲーションデザイン	▶ 126-153, 139-145 ▶ 48, 128

せ

制限語彙	▶ 117
成功測定基準（success metrics）	▶ 57, 89
戦略（Strategy）	▶ 54-55 ▶ 37, 179
戦略記述書	▶ 71

に
ニューエコノミー	▶ 190

の
ノード（node）	▶ 111

は
ハイパーテキスト	▶ 42, 43
ハイパーテキストシステム	▶ 45
ハブ＆スポーク構造	▶ 112

ひ
ビジネスゴール	▶ 55-56
ビジュアルデザイン	▶ **154-173**
	▶ 48, 156, 187
ビジョン記述書	▶ 71
ビッグIA	▶ 191
表層（Surface）	▶ **156-157**
	▶ 36, 181
表層段階	▶ **154-173**
	▶ 36, 48

ふ
ファセット（facets: 情報の切り口）	▶ 116
フォーマット	▶ 90
ブラインドアイデンティティ	▶ 56-57

へ
ペルソナ	▶ 68

ほ
ボトムアップアプローチ	▶ 109

ま
マトリクス構造	▶ 113

め
命名法	▶ 117
メタデータ	▶ **117-120**
メタファー	▶ **130-133**

も
目的	▶ 90

ゆ
有機構造	▶ 113
ユーザー・センタード・デザイン（USD）	▶ 9
ユーザーエクスペリエンス	▶ **20-33**
	▶ 24, 35, 53, 70, 92, 101, 175, 178, 187
ユーザーエクスペリエンスROI	▶ 30
ユーザーセグメンテーション	▶ **61-64**
ユーザー中心デザイン（User-centered design）	
	▶ 33
ユーザー調査	▶ **64-70**
ユーザーテスト	▶ 66
ユーザーニーズ	▶ **52-73, 60-70**
	▶ 46, 54
ユーザープロフィール	▶ 68
ユーザーモデル	▶ 68
ユーザビリティ	▶ **64-70**
優先順位	▶ **92-96**
優先ナビゲーション（Courtesy navigation）	
	▶ 144

よ
要件（Scope）	▶ **76-80**
	▶ 37, 179
要件段階	▶ **74-97**
	▶ 37, 46

ら
ラジオボタン（Radio buttons）	▶ 136
利害関係者→ステークホルダー	▶ 71
リストボックス（List boxes）	▶ 137
リトルIA	▶ 191
リモートナビゲーション	▶ 144
利用者の体験→ユーザーエクスペリエンス	▶ 24
類語集→シーソラス	▶ 118
ローカルナビゲーション（Local navigation）	
	▶ 142
ワイヤーフレーム	▶ **149**
	▶ 170

訳者あとがきにかえて
著者Jesse James Garrett氏へのインタビュー

　本書『ウェブ戦略としての「ユーザーエクスペリエンス」——5つの段階で考えるユーザー中心デザイン』は、Jesse James Garrett, The Elements of User Experience: User-Centered Design For the Web（New Riders, 2002）の全訳です。また本書には、著者の「IA（情報アーキテクチャ／情報アーキテクト）」に対する考えを理解する上で重要なエッセイである「ia/recon」を、著者の承諾を得て、日本語版だけの特典として掲載しています。

　著者のジェシー・ジェームズ・ギャレット氏は、サンフランシスコを本拠地としたユーザーエクスペリエンスに関するコンサルタント企業である、Adaptive Pathの創設者の1人で、1995年から数々のウェブプロジェクトに携わってきています。本書もそれらのプロジェクトを通した経験が基礎となってまとめられました。

　本書のオリジナルは、2000年の3月に著者の個人サイト（www.jjg.net）に1ページのダイアグラムとして紹介され、英語版以外にも7カ国語に翻訳されるなど、その公開以来、世界中のウェブデザイナーや開発者たちによって活用されています（http://www.jjg.net/elements/translations/）。

　本書は、現在、サイトを構築する上で欠かすことのできない手法となっている「UCD（User-Centered Design：ユーザー中心デザイン）」や「ユーザーエクスペリエンス」といった考え方を、平易な語り口調とわかりやすい図版で構成しています。本書でも強調されている「UCD」とは、ソフトウェアやウェブサイトを始めとした製品やサービスを使いやすくするために、ユーザーをデザインプロセスの中心に据えて設計する手法のことで、デザインの各段階にユーザーの情報やユーザーからの反応を収集して考慮に入れながら、使いやすいものを実現していく方法をいいます。それに対して、本書のタイトルにもある「ユーザーエクスペリエンス」とは、製品・サービスとユーザーとのやりとりだけではなく、ユーザーを取り巻く環境や前後関係（コンテクスト）、時間の流れ、人と人との相互関係などを総合的な「経験・体験」として捉えてデザインしていくことであり、いわばUCDを拡張した考え方としても位置づけることができます。

　このような概念的な考えを表した書籍にもかかわらず、非常に平易で理解しやすい書籍として仕上がっている背景には、どのような考えがあったのでしょうか。そこで、本書の翻訳プロジェクトも佳境に差し掛かった頃に、著者のオフィスを訪問し、本書に関するインタビューを行った様子をご紹介します。

　——この書籍を書くに至ったきっかけは何だったのでしょうか？

Jesse: まずは、自分自身がウェブに関わるさまざまな事象を理解することを目的に執筆しました。自分自身が理解できるようにする、がすべての始まりだったのです。そして、自分と同じ

ような仕事をしている人たちに対して、こういったコンセプトを伝える「手段」として本書を活用したいと考えました。

　また、短くて簡単に誰でもが読めて、こういった分野にあまり詳しい情報や知識を持っていない方々にとっても、わかりやすくしたかったのです。そのため、コンセプトを表す図形やグラフィックに変換するところに時間がかかってしまいました。実際に読む人が、あまり恐怖感を感じないように、読むために時間をかけずに済むようにしたかったのです。そのため、どこまでの情報をいれて、どの情報を削ぎ落とすかに、充分な時間を費やさねばなりませんでした。

——書籍の中に含まれているコンセプトに対して、アメリカの読者たちはどのような反応を示したのでしょうか？

Jesse: 私の場合、同じような仕事をしている人たちへの説明ということが動機だったわけですが、読者たちの一部では、まったく違う分野の人たちに対してこの書籍を使って説明を始める、という行動をおこしました。

　また、大学の授業の教材として積極的に活用されるようにもなりました。ウェブを学ぶ上で知っておくべき、さまざまな項目が幅広くカバーされている書籍が本書くらいしかない、ということで、授業プログラムなどの全体のロードマップを示すために、授業の導入書として使われることが多いようです。この導入の後に、より細かな専門的な参考図書が加わることで、コースが成り立っている、と聞いています。

——本書では、「情報デザイン」という用語と「情報アーキテクチャ」という用語が使われています。日本でも、「情報デザイン」と「情報アーキテクチャ」の違いは何か、という疑問や質問が出ることが多いのですが、この点についてはどのような反応がありましたか？

Jesse: 実は最初に、私自身がこの両者の違いをクリアにすることこそが、本書を書こうと思い至った動機でもあったのです。米国の読者やクライアントの中からは、この書籍が両者の区別をはっきりさせてくれた、といった好意的な反応や、両者を共通の言語で話せるようになった、という評価などをいただいています。

——本書の根幹をなすダイアグラムの中で、ウェブをソフトウェアインターフェースの側面とハイパーテキストシステムの側面とで捉えている点が、とてもユニークな見解であると同時に、非常に明解な視点を提示してくれているようにも感じます。このような捉え方については、何か特別なお考えがあったのでしょうか？

Jesse: もともと、コミュニケーションを専門とする分野にバックグランドがあったことと、ウェブによる出版に以前より携わっていたことから、ウェブを1つのメディアとして自然に捉えていました。そうしたところ、いろいろな人たちと接するうちに、ウェブをテクノロジーとして捉える人たちが存在していることに気づき始めました。この両者は、それぞれ対象を捉える心

構えが違うので、両者の間でコミュニケーションをとることが難しく、大変に苦労しました。つまり、ダイアグラムに二面性を持たせるコンセプトを導入したのは、テクノロジー側とデザイン側の両者をいずれもが正しいと認めるための手段だったのです。

――タイトルにある「ユーザーエクスペリエンス」という言葉が、一種の流行語になっているようですが、実際のところ、米国ではどのような受け止められ方をしていますか？

Jesse: やはり、米国でも流行語のひとつになっています。中には、すべてを「デザイン」として一括りにしてしまっている人たちも、もちろんいます。ただし、単なる流行を超えて、ユーザーエクスペリエンスに配慮したり、これらのアプローチを採用したりすることは、ユーザーにとってわかりやすくて使いやすいウェブができるという効用があるだけではなく、これらのアプローチを採用するグループそのものが、チームとして大きく成長する、というメリットもあるのです。ユーザーのことを学び、幅広い知識を実践に即して応用できるチームに発展していく、ということなのです。

――あなたが、最近一番関心を持っていることは何ですか？

Jesse: 2つあります。ひとつは、ユーザーの行動をどのようにして分析するか、といったことに関する手法について興味を持っています。現在では、ユーザビリティテストが代表的な手法となっていますが、実際のユーザーがどのようにして使っているのかを教えてくれるような商品やサービス、使っているすべてのユーザーがそのまま被験者になってしまうような商品やサービスを作ることができるのではないか、と考えています。

　もうひとつは、パースエーシブ（説得的）なユーザーエクスペリエンスをどうやって作るか、に関心があります。デジタルメディアをうまく工夫してユーザーエクスペリエンスを作ることによって、ある考え方を持っている人と同じような考え方をしてもらうように自然と説得できるような（パースエーシブな）工夫ができるのではないか、と。どういうストーリーでユーザーに伝えるか、ということを変えてみるだけで、ユーザーの体験そのものがずいぶんと変わってくるのではないか、と感じています。

――これからの課題について教えてください。

Jesse: さまざまなアイデアを持っています。中でも一番興味があるのは、ウェブを通して得たアイデアやコンセプトを、ウェブ以外の分野でも適用していけるかどうか、ということです。ユーザーのエクスペリエンスの中で、ウェブというのは、ほんの一部でしかない場合が大半です。つまり、ユーザーエクスペリエンスをよくしたい、という会話の中でウェブというのはごく一部の問題なのです。そのことから、ユーザーにとってのエクスペリエンス全体をどうやって向上させていくか、ということが次の課題である、と考えています。

（インタビュー日時：2004年10月29日、サンフランシスコのAdaptive Pathオフィスにて）

最後に、本書の翻訳出版にあたっては多くの方々にご協力いただきました。まず、訳者たちの素朴な疑問やインタビューに丁寧に応じてくださった上、日本の読者のために序文の執筆や小論（「ia/recon」）の翻訳掲載も許諾してくださった、著者の Jesse に深く感謝いたします。また、さまざまな側面から出版のために尽力してくださった毎日コミュニケーションズの外村奈津子さん、角竹輝紀さんに深くお礼申し上げます。最後に、全編にわたってご尽力いただいた岡田梨沙さん、そして、ソシオメディアのメンバーの皆さんに心から感謝いたします。

2005 年 2 月
訳者を代表して
ソシオメディア株式会社
篠原 稔和

訳者プロフィール

ソシオメディア株式会社
http://www.sociomedia.co.jp/

　ウェブサイトを始めとしたインタラクティブメディアの向上を目指して、「ユーザビリティ」や「情報デザイン」の考え方を柱に、評価・分析から調査・研究などのコンサルティング活動を展開。特に、ウェブサイトのユーザビリティを診断するサービス「Sociomedia Clinic」（特許出願中）は、200 を超える企業サイトで採用され、ユーザビリティ向上の解決策として活用されている。また、ウェブサイト構築のための組織づくりや構築プロセス改善を支援する活動にも数多くの実績がある。同時に、ウェブサイトやデザイン全般に関わる書籍の紹介や執筆、国内外の知見や事例を紹介するイベントを通して、ウェブサイト担当者にとって必要な知識や情報の提供を行っている。主な書籍に『標準ウェブ・ユーザビリティ辞典』（2003、インプレス）などがある。

日本語版制作スタッフ

翻訳	ソシオメディア株式会社
装丁・本文デザイン	米谷テツヤ
カバーアート	東恩納裕一
DTP	藤野立来(PASS)
担当	角竹輝紀、外村奈津子

●本書をお読みいただいたご意見・ご感想をお寄せください。下記のメールアドレス、もしくは弊社「MYCOM BOOKS」のWebサイトよりアクセスできる「お問い合わせフォーム」より入力いただけます。

メールアドレス　pc-books@pc.mycom.co.jp
MYCOM BOOKS　http://book.mycom.co.jp/

ウェブ戦略としての「ユーザーエクスペリエンス」
5つの段階で考えるユーザー中心デザイン

2005年2月25日 初版第1刷発行

著者	Jesse James Garrett
翻訳者	ソシオメディア株式会社
発行者	中川信行
発行所	株式会社毎日コミュニケーションズ
	〒100-0003 東京都千代田区一ツ橋1-1-1 パレスサイドビル6F
	TEL:048-485-6815 （注文専用ダイヤル）
	TEL:03-6267-4477 （販売営業）
	TEL:03-6267-4432 （編集）
	E-Mail:pc-books@pc.mycom.co.jp
	URL:http://book.mycom.co.jp/
印刷・製本	図書印刷株式会社
	ISBN4-8399-1419-2

●定価はカバーに記載されています。
●乱丁・落丁についてのお問い合わせは、TEL:048-485-6815（注文専用ダイヤル）あるいは電子メール:sas@mycom.co.jpまでお願いいたします。
●本書は著作権法上の保護を受けています。本書の一部あるいは全部について、著者、発行者の許諾を得ずに、無断で複写、複製することは禁じられています。